大地に生きる百姓

農業つぶしの国策に抗って

坂本進一郎 著

社会評論社

刊行にあたって

本書を刊行するにあたって、世の中や世間を見る私の心情を述べておきます。私は世間の動きを見るのに、いつのまにか横並びでなく国家と民衆の一対一の関係で見るようになっているようです。

その始まりは、五才の時満洲から引き揚げてきたことにあります。国家の後ろ盾を失った人は難民となるしかない。われわれはその難民になったのです。そして、満洲引き揚げ後の生活苦から「国家とは何か」ということをおぼろげに感じながら育ちました。

何もなければそれで終わったのですが、大潟村で青刈り騒動を体験して、満洲難民であったことに遡って、自分の生きてきた歩みのことを考えるようになりました。そして満洲に暮らしていた両親の口を通して、中国の事、毛沢東の新中国誕生過程に自然と曳かれるものがありました。特に「長征」に象徴されるダイナミックな新中国誕生の歩みのとりこになったようです。

若き毛沢東は軍閥が割拠し乱立定まらない中国を革命し、新中国を建国しようとしました。しかしその過程は困難以外の何ものでもなかったのです。ところが、我が家もスケールは毛沢東の困難にははるかに及びませんが、極貧の中、未来をたくましく切り開いていこうとした点では、毛沢東の中国に似ていました。私はその建国物語である『中国紅軍物語』に邂逅《かいこう》し、この本を夢中で読んだのです。

そして、中国南部の江西省瑞金から北部延安までの二万五千里の長駆転戦の事績には、惹かれました。未来のためには「死」をいとわない赤軍兵士の群像に出会ったのです。これら群像は「天」というか「神」というか、そういうものに従った崇高なものでないかとさえ思えました。私は憑かれるように『中国紅軍物語』を読むうちに、「天」あるいは「神」の命に従うという習性を植え付けられたようです。「天」とは、私にとって「間違いを起さない、大いなる存在者で天空にいる」ものです。その結果、世の中を横の関係（横並び）でなく縦の関係、つまり神と一対一の関係で見て行くことになります。この習性はひょっとして、プロテスタントの中の無教会主義に似ているかもしれません。しかし、彼らは昔からのあり方を信じているが、私は自分で見つけたのです。

私は若き毛沢東が屈原《くつげん》を評して書いた「官職を辞して、下放して労働して、本当に社会生活に接近でき、「離騒《りそう》」のような立派な詩を書くことができた」という言葉が好きです。ただし、下放という言葉は上から下を見下ろしているニュアンスがあり、下放という言葉を「一体化」に置き換えて読んだ方がいいかもしれません。ともかくこの言葉は楚の国（今の湖南省）の高官である屈原のことを指しています。憂国詩人屈原は楚国官僚の腐敗堕落を憂い、官位を辞し楚国放浪の旅に出、最後に汨羅《べきら》河に身を投げた人です。「離騒」は屈原の詩として有名です。放浪の時、屈原は人民と交わり社会の本当のことを知ったという。

これは、毛沢東の屈原評でもあると同時に、自画像でもあるのでしょう。田中角栄首相が日中国交回復の時、毛沢東の書斎で贈答された本は屈原の詩である『楚辞』に屈原の弟子が注釈を付けた『楚辞集註』です。

「下放」とは「良心世界」のことであり、「実践世界」のことでもあります。実践を通して「知識」を「本物」とする道筋をつける事が可能となり、そのことを通して多くの人々が共通に持っている気持ち、つまり無名者の感情をくみ取ることができると思うので、私はこの詩が好きなのです。

私は若いころ秘かに自分を「下放青年」と称したことがありました。私は百姓になるなら定点観察をしようと思ってきました。そこから観る農政は亡国を極め、いまや憲法的人権から農民の生存を訴えるレベルに至りました。過去、成田は農地を追われる農家の縮図でした。そこで今、新たな土地収用が動き出し、農民・市東孝雄さんが懸命に立ち向かっています。

本書は下放と定点観察の一端から生まれた、農政批判と農地取り上げに抗《あらが》う三里塚農民連帯の書であると思っています。

二〇一八年七月十五日

坂本進一郎

大地に生きる百姓　農業つぶしの国策に抗って

＊目次

【第Ⅱ部】亡国農政を批判する

第Ｉ部

世紀を超えた
成田の農民闘争

千葉地裁に請求異議を申し立てる市東孝雄さん（中央）と弁護団（2016年11月30日）

〔序〕市東孝雄さんの闘いに寄せて

いま、成田国際空港をめぐり、新たな土地収用が企てられている。言葉の正確性を期せば「民事強制執行」というらしいが、ことの本質も態様もなんら変わることはなく、いずれも強制的手段による農地取り上げである。

耕作者は成田市天神峰で有機農業を営む市東孝雄さん。収用対象の畑は、孝雄さんの祖父から三代百年近く精魂込めて耕してきた優良な小作地である。成田空港をめぐる収用案件は小泉よねさんの強制代執行（一九七一年九月二十日）以来、じつに半世紀近くを経てのことだが、市東さんの収用面積は計約一町三反で、全耕作面積の七十三パーセントに及び、戦後最大と言われたよねさんの代執行を大きく上回る。

私は千葉県で長く環境問題に取り組んでこられた井村弘子さんとともに、「市東さんの農地取り上げに反対する会」という市民運動の共同代表となった。

裁判は大きく二つに分かれる。一つは、秘密裏に底地を買収し地主になった空港会社が土地の明け渡しを求めた裁判（市東さんは対抗して行政訴訟を起こし裁判は併合した。行訴・農地法併合裁判）と、一部の畑を「不法耕作」だと決めつけて空港会社が明け渡しを求めた裁判（耕作権裁判）である。

前者は最高裁まで争ったが、二〇一六年十月二十五日に空港会社の明け渡し請求が確定した。

しかしここから新たな闘いが始まった。市東さんは、最高裁で請求が確定したとしても、これを執行することには権利濫用があるとして、強制執行の停止を申し立て、新たに裁判を起こした（請求異議裁判）。

法律は、請求権を確定させるための手続き（判決手続き）と、それを実現する手続き（執行手続き）とを区別している。仮に確定判決を受けたとしても、その執行が著しく社会正義に反していれば、執行を停止し裁判で争うことができる。

二〇一七年三月二日に始まった請求異議裁判は、異例のことと言われながらもじつに八回を数え、市東さん本人を含めて四名の証人（他に小泉英政、加瀬勉、萩原富夫の三氏）と二名の補佐人（農業経済学・石原健二氏、憲法学・内藤光博教授）の意見陳述をへて、最終弁論を迎える段階に入った。

もうひとつの耕作権裁判は、空港会社による偽造文書を調べるために必要な関係文書を、空港会社が隠しているため中断を重ね、十二年たってもいまだ一審・千葉地裁に係属している。（いずれも二〇一八年七月現在）

なお、収用対象の農地が小作地であるのは、市東孝雄さんの父東市さんの復員の遅れから農地解放で不利益を受けたことによる。また、鎌倉孝夫氏が経済学の視点から、成田空港の反公共性を論じた意見書を提出している。

第Ⅰ部に、世紀を超えて続く三里塚農民の闘い、とりわけ市東孝雄さんの農地の闘いに寄せた文を掲げようと思う。

〝民事強制執行〟という新手の土地収用

それにしてもひどい。「ひどい」と感じたのは、空港会社が市東孝雄さんの畑と宅地を三方から囲い込むように誘導路をつくり、畑さえもフェンスで囲っているからである。この結果、市東さんの畑と宅地の周りは固いコンクリートとフェンスで覆われ、まるで要塞化された中に、そこだけポツンと緑の空間が存在している。私は三里塚に何回か行ったことがあるが、そのたびに要塞化の度合いは激しくなった。十数年前に行った時には東峰神社の木が悉く切られていた。丸裸にされた神社がポツンと残って、その神社も鉄板のフェンスに囲まれ息苦しそうだった。

この様子を見て、国家（裁判所を含めた権力機構）は、こんなことまでするのかという感情を起こさせ、つくづく「ひどい」と感じさせられたのである。

これに反して、市東さんという人間が、「公共の名」を借りた理不尽な国家暴力と勇敢に闘っているのは凄いことである。その理不尽さを訴えるかのように、畑は誘導路をヤリで突き刺すかのように飛び出ている。このため誘導路は「へ」の字に曲がっている。櫓の上にあがって大地を見下ろすと、「へ」

三方から誘導路に囲まれる市東孝雄さんの住居

写真中央の木立の中に母屋があり、畑のわきに作業場、農機具置き場、野菜貯蔵庫、育苗ハウスなどがある。母屋を除き、農地と農業手段のすべてが、取り上げ対象とされている（Google Earth）

の字誘導路の先は見えにくい。「凄いな」それにしても「ひどいな」というものものしい関係が作る、異様な風景が良く見てとれる。

形になった人権思想

この風景は、二十数年前に故萩原進さんの農地と東峰の集落によって、滑走路建設がドンと停まっているのを見た時のことを思い起こさせた。滑走路建設がストップしたのは、彼ら住民が敢然と農業を営み国家に挑んだからである。

あの当時、大潟村では稲の作付拡大運動が、国に敗北し拒否された。この結果八・六ヘクタールしか作ってはならないという国の強権によって、泣く泣く田の中に仮畦《あぜ》を作って、国の言う八・六ヘクタールに合わせた。この仮畦畔の一本の線に、国家と農民の対決が明瞭に示されていた。この時、「国家」というものが目前に現れたことを実感した。

しかし、三里塚の農民が巨大な国家を相手にしているのとは、比べものにならないなと思った。青刈り闘争にはどこか国への「甘え」があり、この国には人権思想の弱さがあることを露呈したと言えそうだからである。

人権思想といえばこんなことがあった。青刈り裁判に敗北して、すでに国に没収されたO氏の田んぼでは、一九九九年八月上旬、トラクター数台が何年かぶりの青刈りを行なっていた。それは国に抗議して植えたO氏の生長半ばの稲だった。トラクターの中には業者に交じって大潟村の入植者もいた。彼等は賃仕事を請け負っていたのだろう。それを見て情けなくなった。

たまたまフランスに行った時に通訳を頼んだ降旗あつ子さんが、一泊の予定で我が家に泊った。そこでこの青刈りを見に行った。閑散としていた田んぼには誰も見に来る人はなく、トラクターのエンジン音だけがうなっていた。この異様な風景を前に、降旗さんに「フランスだったらどうか」とたずねた。彼女は答えた。「フランスでは一人でもデモをやる。日本は人権思想が弱いから、土地を取られたのでしょう」と。私は一九九九年のシアトルでの反WTO集会のうねりの中にいた時も、人権思想の強さを感じた。

確かに、青刈り反対闘争では多くを学んだ。すきあらば十五ヘクタール作りたいという人がいる半面、国の言う八・六ヘクタールでいいと言う人もいる。青刈り反対闘争が敗北したのは、団結が弱かったことと、すきあらばの気持ちによって闘いの脇が弱かったからである。闘いを強くするには、政治性と道理が問われていたのである。政治性とは、矛盾の農政を前にして、世の中の不合理な経済の仕組みを変えるくらいの気持が必要だということである。

萩原さんが亡くなってから市東さんが闘いを引き継いでいる。だが国による市東さんへの嫌がらせは半端ではない。市東さんの闘いは、我々に色々のことを問い掛けているに違いない。三里塚の異様な風景の背後に、何が隠されているのか。直感してわかることは、国家は暴力を借りて「農業（農民）」を粗末にしていることである。

虫けら扱いされてたまるか

三里塚の異様な風景の背後には、航空資本という大企業とそこで暮らす「人間」そのものとの闘いがある。三里塚は実に五十年もの間、巨大な国家と闘ってきた。その闘いを支えたものは何か。二十三年前、大潟村で私の主宰する塾に萩原さんを講師として招いたことがあった。その時のメモが私の手元に残っている。

「シルクコンビナートを国は勧めながら、空港建設の発表後一週間もしないうちにこの計画は潰された。そこで知事に談判に行った。知事の答えは、『空港が国策ではしょうがない。あなたがたは別な道を選んでくれ』だった。この虫けら扱いにむらむらときた。それじゃ百姓になりきってやろうじゃないか。空港を潰してやろうじゃないかと思った」

この話に私は三里塚の人の魂を見た。だから、「なぜ実力行使なのか」という聴衆の質問に、萩原さんが次ように答えたのもうなずける。

「反対同盟の中には国と対決しても勝ち目はないと言って、やめていった人もいた。それを見て無抵抗では押されてしまうと思った。だから自然と実力行使に入った」

萩原さんのほとばしるような熱っぽい語り口から、何としても空港を廃港に追い込みたいという気持ちが伝わってきた。

私は萩原さんの魂を市東さんにも見た。市東さんは言う。

「農業がなくては、人は生きられません。本当の『公共性』というのは、人が人として生きるためのものです。誘導路が曲がっているのは農家を虫けらのように扱い、場当たり的に進めてきたからです。手直しのために、命の農地を潰してはなりません。これこそ〝農民殺し〟です!」

（行訴・農地法併合裁判控訴審意見陳述　二〇一四年三月二十六日）

農地は公的財産

ここで、成田空港会社も国家も空港の「公的財産」を主張していることに注意を払いたい。市東さんの主張と国家の主張のどちらに軍配が上がるのか。一私企業の利益獲得と、人間社会に必要な食糧生産と、どちらに真の公共性があるのか。

しかも農地は、私有財産制によって個人所有名義になっているが、日本人の古来からの農地に対する観念には、「先祖からの借り物」「集落からの借り物」という気持ちがある。その証拠に農地を売りに出す時、まず親戚や村内《むらうち》に声をかける。農地は単なる物件ではなく、耕すために預かっているという観念があるからである。所有（預かり物）と経営が一緒であったことが家族農業を永らえさせた理由でもあった。このように農地はあくまでも「公的財産」なのである。

国家が「国益」や「公的財産」を持ち出す時、大企業の利益代弁であることが多い。つまり今の日本国家は、「仮面」をかぶった権力者である。「仮面」裏の顔の正体はさまざまな巨大資本である。三里塚の土地取り上げの要求者は航空資本であり、国家はそれを代弁しているにすぎない。

そして国家は暴力装置を持っている。一方では民主主義を唱えながら、どうにもならなくなると、暴力という物理力のキバを剝き出しにする。我々も大潟村の青刈り騒動で経験したし、今やそのキバは三里塚と市東さんの所に向かっている。

かつて「国家独占資本」という言葉が流行したが、その意味は独占資本を国家が応援するという意味だった。だが今や多国籍化した独占資本は、かつてとは逆に国家を召使いとして使っている。世界の多国籍化の深化の程度は、多国籍企業の数（量）の多さと資本の論理の貫徹度合いによって計られる。農業分野では、流通支配（食管法の廃止）まで行われ、かつては青刈りで済んだものが、今では農民を乱暴に支配している。

国家とは何ぞやと言う時、その答えは国民の生命・財産を守るものだと言えるであろう。しかし、グローバリゼーションの進行とともに、国家は多国籍企業の意のままに動くようになり、その影は薄くなっている。数万社の多国籍企業が世界貿易の七割を占め、世界から国境はもちろん各国の文化、伝統、地域まで消し去ろうとしているからである。

その最たるものがＴＰＰ（環太平洋経済連携協定）である。ＴＰＰ交渉で秘密主義を押し付けたり、ＷＴＯに比べてはるかに腕力で自由化を押し付けたりする背景に多国籍企業の存在が窺われる。つまり人々の生活を守るより自己の利益を優先しようと、仕掛けている多国籍企業の姿が見えてくるのである。

普通の日本人は、これまで安穏自足に暮らしてきた。しかし、ＴＰＰによってこの安穏自足の生活が侵されそうになってきた。大企業の儲け主義（資本の論理）が勢いよく台頭して生活圏・生存権に割り込み、安穏な生活（生活者の論理）を破壊しようとしているからである。


市東さんは「成田空港シンポジウムで、当局が『強制的手段の放棄』を約束したので、農地がとられることはなくなったと受け止め、家に戻ってきた」（陳述書）のだった。

その市東さんの畑に行ってみた。金網の鉄条網に囲まれた市東さんの畑は、飛行機の騒音がすさまじかった。これは多国籍企業の象徴としての航空機爆音が闖入してきた様なものだ。安寧に暮らすことを約束した憲法に違反する人権問題だと思った。

市東さんに「よくもこんなに、空港会社は農民をいじめるな」と言うと、市東さんは「私を追い出したいのでしょう」と答えた。三里塚に戻ってきた時に比べると、一回りもふたまわりも大きくなって、闘いの意欲をみなぎらせているのが傍目にもわかる。「市東さんの農地取り上げに反対する会」（市東さんの会）のインタビュー記事によると、「やっていけると思ったのは戻ってから四年目だった」と語っている。市東さんの畑で会ったのはその頃だった。

故萩原進さんも言う様に、闘いは原理・原則を失えば頓挫してしまう。この場合の原理・原則とは家族農業を守ることである。

市東さんの会が開いたシンポジウムで、「市東農地問題とは市東さんを守ることでなく、市東さんの農地を守ることである。そうすれば市東さんは自分の力で生きて行くであろう」という発言があった。この話を聞いて田中正造の話を思い出した。田中正造は臨終の床でこういったという。「谷中事件の同情には田中への同情と谷中の土地に対する同情の二つがある」。言外に谷中の土地に対する同情をもっと持ってくれという遺言であった。

裁判の経過を振り返る

裁判は外から見ている者にとってはなかなか難しいが、成田問題では普通では考えられない裁判が行われていて、構図を理解するのに若干手間どる。だが裁判の経過を見ていると、司法の独立が失われ、「始めに空港ありき」を画策しているように見えてくる。そして、成田では裁判闘争は重要である。判決によって農地が取り上げられるのか、もとのままが許されるのか決まってしまうからである。

ではどこがデタラメか。「土地明け渡し」裁判だというのに、その大前提としての農地の位置を、空港会社は間違えている。その結果、市東さんが耕す正規の小作地を「不法耕作」だと、空港会社は決めつけている。

何と言っても、市東さんは成田空港会社に誠実に小作料を払ってきたのである。さすがの市東孝雄さんも、この空港会社の間違いと「不法耕作」呼ばわりに怒っている。

「無断で土地を売買し、地代を騙し取り、『不耕作』の言いがかりで土地を取り上げる、――法を侵しているのは誰だ！　と私は叫びたい」

「農地を農地として守り続け誠実に地代も納めてきた私が、忙しい農作業の最中に、こうして被告として法廷に来ざるを得ないことに、強い憤りを感じています」（陳述書）。

ところで、小作契約を双方認める「南台四一―八」にも大変な問題がある。

「南台四一―八」は元地主の藤崎さんと成田空港会社との間で、一九八八年売買契約が成立したという。その時は父東市さんが耕作していたが、売買の事は東市さんに秘密にされていた。農地の売買は、農地法によって耕作権者に優先権がある。従って藤崎さんと成田空港会社との間の売買取引は無効である。その上、売買の事実を知らない市東東市さんは、小作料を二〇〇三年までの十五年間、元の地主の藤崎さんに払い続けた。ところが成田空港会社はこの土地を登記し、「これは空港会社ものだから返してくれ」と言い始めた。成田空港会社は東京に本社があり不在地主でもあった。

こうした事態は、二〇〇九年六月の農地法大幅改悪の「所有権と耕作権の分離」の先取りであったと思う。本来農地は耕作者が絶対の力を持っていて、市東さんへの農地明け渡し要求は農地法から見て絶対あってはならない事なのである。

市東さんは後述の農地法二〇条による知事の解約許可決定は不当だとして「行政訴訟」を行う一方、これまた農地明け渡しを成田空港会社から訴えられた「農地法裁判」の却下を求め裁判を起こしたが（行訴・農地法併合裁判）、農地の位置の問題を放ったまま最高裁判決では市東さんの上告を却下し（二〇一六年十月二十五日）、市東さんの農地明け渡しが決まった。この農地は成田空港暫定滑走路の誘導路予定地にあり、拒否すれば強制執行に行きつく「公用収用」そのものと言われている。

ここでこの裁判にかかわった裁判官を揚げてみよう。

一審・千葉地裁　多見谷寿郎　二〇一四年八月二十五日　明け渡し判決
二審・東京高裁　小林昭彦　二〇一五年六月十二日　市東さんの控訴棄却
三審・最高裁第三小法廷　大谷剛彦　二〇一六年十月二十五日　上告棄却　確定判決

この判決の年次表を見て気がつくことは、超スピードの裁判だということである。秋田の青刈り裁判で私も経験したが、農民側に良い事は引きのばし、国にとって都合のいい判決はさっさと出す。誰のために裁判をしているのかと言いたくなるが、これでわかることは、裁判官は国策に沿った人物が選ばれるということである。裁判がデタラメに見えるのは裁判所が「航空資本に奉仕する人」を選んでいるからであろう。しかし航空資本に奉仕しようと思っている裁判官にとっては、形だけでも法的整合性が取れればいいのであろう。

ついでに言えば、多見谷寿郎裁判長はこの判決の後、福岡高等裁判所那覇支部に支部長として異動して、辺野古埋め立てに国側勝訴判決を下している。また、小林昭彦裁判長の元で陪席判事だった定塚誠裁判官は、高裁判決の後、今度は法務省の役人として那覇支部に登場し辺野古埋め立ての国側勝訴の指揮を執った。

デタラメ裁判を見ていると、世間では通用しない事を、成田や沖縄では通用させている。これは法律運用のダブルスタンダードであり、司法的に優遇された「治外法権」をふるっているように思われてくる。

時の権力に忠実な人を選ぶ、これはいつか来た道だ。敗戦五十周年の戦争特集で朝日新聞ＯＢは「戦争賛美の記者にどんどん戦争遂行の記事を書かせた」と回想した。同じ事は食糧管理法潰しの時も起きた。食管不要論者と大潟村の過剰作付派が結託して、食管制度不要の記事を書かせたのである。成田でも国策に沿った人を裁判官に選んだ。だがこれでは何のための法律なのか。「法治国家」が泣く。

土地収用のデタラメ

そもそも三里塚の歴史を見れば、土地収用がデタラメであった。一九七一年の小泉よねさんの当時は、土地取り上げの反対運動も激しく、よねさんは機動隊に押さえつけられ歯を折られても頑張った。その激しさが三里塚だと印象に残っている。そして抵抗闘争によって収用委員は総辞職し、成田の事業認定は一九八九年十二月十五日をもって、法の定めにより失効し、土地収用法も適用できなくなった。

これにより、成田では空港用地を取得するには、農家から任意に土地を買収するしかなくなってしまったのである。だが農家が買収に応じる可能性は少ない。そこで考えだされたのが、農地法二〇条（賃貸借の解約等の制限）を、農地法の理念と目的に反して、違法に使うことである。

農地法二〇条にはこう書いてある。

「農地又は採草放牧地の賃貸借の当事者は、（中略）都道府県知事の許可を受けなければ、賃貸借の解除をし、解約の申入れをし、合意による解約をし、又は賃貸借の更新をしない旨の通知をしてはならない」

つまり、「知事の許可」という関門を設ける事で、農地法は市東さんのような小作耕作者を守る農地の「番人」として存在している。そもそも農地法の目的は、「耕作者の地位・権利の保護」である。農地法は戦後の民主化の基礎の一つにもなった制度であり、「耕者有其田」は中国革命の原動力になったし、台湾も同じである。つまり、耕作者主義は民主主義の基礎であり、経済発展の基《もとい》でもあったのであり、耕作者主義は世界普遍の価値観なのである。

ところが、成田空港会社は農地法二〇条を逆用しようと考えた。知事の許可さえもらえば農地を取れると考え、守る法律から取り上げる法律へとひっくり返して、知事に期待した。農地法二〇条の例外条項、「農地以外のものにすることを相当とする」をむりやり盾にして。

二〇〇六年九月二十一日、千葉県知事は、空港会社の申し立てを許可した。

これは後で明らかにされたことだが、一九七〇年に成田の同様の案件で、千葉県農林部が農林省に「農地法二〇条を使って土地取り上げは可能か」と照会したところ、農林省は正しくない旨回答していた事実が分かっている。ところが市東さんに対しては、こんな無法を押し通すのだ。

千葉県も成田市も、行政は成田空港会社のためなら何でもありの感がする。成田市農業委員会事務局長の山崎真一氏は法廷で「成田空港会社なら、すべてフリーパスでないか」との問いに「結果的にそうなると思う」と証言している。

こうした経過の上に、行訴・農地法併合裁判は、二〇一六年十月二十五日に、最高裁（第三小法廷大谷剛彦裁判長）が空港会社の請求を認める判決を下した。

まともであるとはとても言えない。千葉県行政も司法も、農地法を踏み破り、農民の人権を一顧だにせず、〝何はさておき空港ありき〟である。

私のような、農地を耕す者からすれば、まさに青天の霹靂である。そのレールは二〇〇九年六月の所有権と耕作権の分離をうたった農地法大改悪によって敷かれたと思う。農業潰しのための本丸に手をかけてきたのである。成田の事態はその先取りとなるものだったのである。

家族農業は土地の所有と労働が一体化したものである。そして長い人類の歴史には耕作権と所有権を分離した農業は失敗した例がある。ローマ帝国時代の貴族が奴隷を使ったラティフンディウムがそうであり、中国の人民公社にしてもソ連のコルホーズ、ソフォーズにしても同じだ。ソフォーズは所有と経営を分離し、しかもソフォーズはマルクスを読み違えたのである。農地はただの土地ではなく、長い年月をかけて人によって作られるものであって、愛着がなければ優良農地にはなり得ない。

裁判所の前代未聞の行為は、ルビコンの河を渡ったという感想をいだかせる。まるで盧溝橋事件のようだ。中国を甘く見て、中国の奥深く戦線を広げて敗北した。民主主義に違反する河を渡り始めたように思う。

さすがに、農地法で農地を取り上げる（事実上収用する）というこの異例の行為に、地元の成田市農業委員会も付帯意見を付けている。曰く、「本来は地主・小作人双方の了解を得て合意解約、離作補償、用地買収、の後に所有権移転することが望ましいことは明白」であると。青天の霹靂に、市東さんばかりか、農業者のすべてが戸惑いと怒りを隠せない。

「土地収用法が失効して、もう畑は取られない。そうであればずっとそこで農業できると思いました。ですから農地法を曲げてやってくるなんて、思ってもみませんでした」

「取り上げられようとしているのは全体の四分の三にもなり、そうなれば生計が断たれてしまう。このような解約が認められなんて、あっていいはずがないんです」

だが、最高裁が下した確定判決は終わりではなかった。

判決は判決として、空港会社は明け渡しの請求権を手にするが、それを実際に執行できるかどうかは別問題。法は、請求権を確定させるための手続き（判決手続き）と、それを実現する手続き（執行手続き）を区別し、執行が著しく社会正義に反する疑いがあれば、執行を停止、裁判で争うことができるのだという。

こうしたことはめったに無いことだが、市東さんの場合は「権利濫用」の疑いが強く、これが認められた。執行は停止し、「請求異議」という新しい裁判が起こされた。しかもそれが二年近く続き、市東さん本人を含む四人の証言と学者二人が参考人として陳述した。

健康問題から傍聴できない私は、証言調書と学者の意見書を読ませてもらったが、小泉よねさんの過酷執行（法学にこういう言葉があるらしい）に遡って、三里塚における国家の暴力を説き起こし、人間の生存と尊厳に係る人権と農業の憲法的位置付け、有機農業の発生の歴史的根拠、産直型協同性のネットワークから危機に瀕する家族農業の再生展望、そして空港の反公共性と農の公共的役割など、そこに一つの宇宙を感じさせるほどの素晴らしい内容が書かれていた。それが市東さんを始めとする証言者の農業実践と、学者知見の科学的裏付けによって展開されているのである。

請求異議の裁判は、九月二十七日に最終弁論が行われ結審する。証言で市東さんは「強制執行は農民としての命を奪う」と言ったが、この言葉の中には、単に農地や建物の破壊に止まらず、先祖の汗と涙、有機農業の技術と知恵、そこにある市東さんの誇りと希望そのものを奪い尽くすものだという思いが凝縮していると、私は感じた。なんとしても勝って欲しいと思う。

（二〇一八年七月十五日）

農地法で農家をつぶす愚行

市東さんの農地裁判の大問題の一つに、農地法を違法に使った農地取り上げのことがある。この裁判では、空港会社のさまざまな農地法違反が明らかになったが、農地と農民の地位を守るための農地法が、土地収用法の代わりに使われていることに、この裁判の特異性がある。判決は農地法を逆手にとって背後から襲われた暴挙に等しい。こんなことが許されるのか、農地法の歩みを見直してみたい。

農地は先祖とムラからの預かりもの

農地法は食糧管理法と並んで戦後の農業を支えた二本柱である。農地法は農地改革の熱気がさめやらない一九五二（昭和二七）年に制定された。農地法の精神は、戦後の農地改革で獲得した自作農主義を守ることにあった。そこには日本人の「農地観」が投影されている。

その農地観とは、農地を所有できるのは、そこを耕す者に限るという考え方である。その考え方の背景には農地は農地として永続させたいという深い動機がある。一つには「所有」と「労働」、「経営」

を含めた三位一体化農業である。それを可能とするためには住居と農地が近くて、生活と生産が一体でなければならない。それゆえの家族農業である。

二つには農地は先祖からの借り物であり、そうして預かった農地を自分の子供に無償で譲ると言うバトンタッチ方式である。ある経済学者はアメリカの農場は子供に有償で譲る素晴らしい方法を持っているとほめていたが、それはどうかと思う。なぜなら、有償になれば生産を増大しようとして、農地からの収奪は激しくなり、農地はくたびれ、農地の永続性を損なうように違いない。

三つには農地はムラ（村ではない）からの借り物だという気持である。玉城哲が『稲作文化と日本人』で書いているが、ムラ人が農地改革に立ちあがったのは、農地はムラのものだからムラに取り戻したいと言う気持ちがあったからである。一方、地主は小作人の労働を掠め取り人気が悪かったが、しかし地主でさえ農地からの収奪はしなかった。

守田志郎が『日本の村』で書くように、農地は先祖からの借りものであり、ムラ（共同体）からの借り物（預かり物）なのである。

ムラの一員という意味は、ムラの美化、資源管理、祭り等に参加する人という意味である。私も長い間農業委員をしていたが、農地法三条の使用貸借権設定の認可や経営基盤強化促進法一八条の認可も申請者がきちんと農地を利用する人かどうかを見極めたうえで判断し、認可の諾否を決めている。ということは農地に即してではなく、あくまで申請者と言う人に即して、この人は農地取得者としてふさわしいかどうかを、ムラ人（農業委員）が判断しているということなのである。

このように、農地法が自作農主義にこだわったのは、一つには、耕作者（耕作権）を守ろとしたことである。特に耕作者の地位の保全をうたい、農地の所有を促進しようとしたことは注目すべきである。戦前のような地主と小作の間の紛争を避けようとしたのである。

戦前はもちろん、戦中でさえ小作争議が頻発している。農地法はそれを避けようと、農地の所有を促進した。その点について、農地法はその後もかたくなにその精神を守ろうとしたと言える。

農工間格差により揺れ始めた農地法

だが農地法に危機が訪れた。危機の始まりは、一九五六年である。この年は昭和三一年で、私が高校一年生の年である。当時は元号の方が体に染みついているので、昭和で読んだ方が馴染みやすい。この年、『経済白書』で「もはや戦後ではない」という有名な言葉が記述され、人口に膾炙《かいしゃ》した。私もこの言葉を覚えている。

その理由は二つ。一つは当時日本人のだれもが貧しかったが、満洲引き揚げの私の家はその点人並み外れていた。配給米でやっと暮らし、学校に通う靴は穴だらけでみじめであった。日本人の多くはこの暗い環境を何とか早く抜け出したいと思ったはずである。そこに「もはや戦後ではない」というフレーズは後光が射すように明るかった。

もう一つこの言葉を覚えている理由がある。愛知揆一官房長官（当時）が昭和三一年母校に講演に来たからである。高校一年生の私も講演を聞いた。講演は退屈であった。話は訥々として、時々手帳を取り出して、数字を読み上げたりしてまるで高校の授業のようであった。真面目な人だったのだろう。官房長官や通産大臣を歴任したので『経済白書』の出版にも関係したかもしれない。

「もはや戦後ではない」と言う言葉があらわしているのは、農工間格差（農工不均等発展）が生まれたことを告知したと言える。こうなるとその後も外部から農地法は揺さぶられる。

事実、一九六二年、前年の農業基本法に合わせて農地法改訂があった。しかし、農地法に遠慮したのか改訂は痕跡程度のわずかなもので農地流動化は進まなかった。しかし改訂のあった事実の重みは大きい。以後、農工間格差を埋めるとして規模拡大が要求され、そのため農地流動化が叫ばれ、自作農主義に傷がついていく。

案の定一九七〇年代、規模拡大の要求は激しくなった。一九七〇年には賃貸借が導入され、七五年には農用地利用増進事業をベースに農用地利用増進法が制定されるという大きな改訂が行われた。さらにその後、これを発展させた農業経営基盤強化法が制定されている。

だがこの農業経営基盤強化法は、農地法をいじると厄介なのでいわば便法的に持ってきたものだった。その結果、木に竹を継ぐような形になっている。さらには農地法認可事業に利用増進策が割り込んでさえいる。

木に竹を継ぐいびつな形になったのは、自作農中心主義が頑固に根付いていたとも思わせる。あるいはこうも言える。改訂は農地法の根幹（自作農主義）には抵触しない範囲で行われた、と。

逆に言うと農地法の根幹がまだ健在だと言うことも示している。ただし、七〇年改訂による賃貸借の導入は、ヤミ小作まで認めながら、農地流動化に道を開くためのものとして、「耕作者主義」に大きく舵を切り、大きな農地法政策の転換であったと言える。事実八〇年代に入って積極的に農地貸付け増進策をとり、流動化がいくらか進んだ。

しかし規模拡大は思うように進まなかった。農地法の自作農中心主義が邪魔したからだという意見もあるが、そうではない。その原因は、農工不均等発展が規模拡大を要求しているところにあるのであって、規模拡大の借り手がないのは、農村に暮らそうが都会で生活しようが生活そのものは変りなくなったからである。家産としての家・農地は欲しいが、難儀な農業はいらない。そのため担い手（借り手）が農業から撤退したからであろう。農外収入をもたらす農工間格差問題が原因で、規模拡大を阻止しているとも言える。

この点、なぜ規模拡大なのかと言えば、大潟村の営農設定の推移の中に、その事情がよく示されている。始め入植者への配分面積は、二・五ヘクタールであった。この時点では、干拓工事が進行中で、図面上の配分面積で周辺農家の上層農家の面積に合わせた。私はこれを「元（げん）計画」と言っている。

ところが所得倍増の時代がやってきた。池田隼人首相が選挙演説に来て、八郎潟干拓の営農は所得倍増しなければならないということで、二・五ヘクタールの二倍の五ヘクタールとされた。東京で識者が営農設定の考えを練ったところ、トラクターと車の時代になっていた。そこで、せっかく作る新しい村なら、出稼ぎのない夢のある村にしたいということで、十ヘクタール配分を決めた。ところが、周辺農家は依然として二・五ヘクタールのままである。小畑知事（当時）はこれでは地元の理解を得られないと注文を付けた。五ヘクタールか十ヘクタールか綱引きが行われ、当時国会議員で政界の重鎮である大野伴睦の、足して二で割る方式が取られ、七・五ヘクタールが採用された。

ただし、面積を決めるのは入植して来る人で、そこで五ヘクタール、七・五ヘクタール、十ヘクタールの三つが並んだ。ここから選べと言う訳である。私は入植に当たって、そんなに面積はいらないと思ったので七・五ヘクタールを申し込んだ。ところが窓口の係の人は、あそこは皆十ヘクタール入植で、七・五ヘクタールの入植者は二人しかいないので願書を十ヘクタールに書き直して来いと言われた。

二・五ヘクタールから十ヘクタールの変遷は何を物語がっているのか。白紙に書くように営農設定が自由にできたため、農工間格差に合わせて紙上計画が可能であったことを示している。ところが減反時代になって入植事業はストップしてしまう。空いた農地をどうするか。すったもんだの末、入植者に配分され一戸当たり配分面積は結局十五ヘクタールとされた。今度はこの配分騒動の中に農政の混迷が示されている。

農地観に守られ存続している農地法

いまや、農業（家族農業）は生きるか死ぬかの風前の灯となった。しかも農地法も、二〇〇九年の賃貸借自由化や農業生産法人の要件緩和に見られるように、骨抜きがあからさまになっている。農地賃貸借の自由化と言うのは、農外資本も農地を自由に貸し借りできるように、農地法を変更しようという目論見である。その場合の農地の取得者として、想定されているのは企業である。企業は、「所有」と「労働」、「経営」がバラバラで、しかも儲からなければ、農業から撤退してしまうであろう。これでは農地が農地として残るという、農地の永続性は期待できない。日本人の「農地観」に反していると言わねばならない。

思うに、これまで農地法は耕作権をできるだけ所有権に近づけようとしてきた。だが二〇〇九年の農地法改訂は耕作権（利用権）を所有権から遠い存在に追いやって、企業が入手しやすいものにしようとしている。こうして今、農地は、農外からよこしまな考えを持って簒奪を企てる農外資本の侵入を受けている。

そして農地簒奪の企てを起こそうとする背後には、農産物の無制限な輸入がある。農産物の輸入に夢中の日本は、食料自給率を言わなくなった。そうなれば自分の足元の、日本列島の農地がどうなるかにも無関心であろう。この無関心が農地簒奪の企てに、隙を与えているのである。

だが農地法は日本人の「農地観」を支えにして、農地簒奪の「よこしま」を曲がりなりにも阻止してきた。今でも農地法はこの防波堤の役目を果たしている。

そこから翻って考えると、農地法を、市東さんの農地取り上げの手段とすることは、農民の耕作権侵害もはなはだしい。のみならず、今まで国自身が唱導してきた自作農主義を否定するものである。

なぜなら、農民でも農業法人でもない空港会社が、農地を農地のまま買い上げて、農民に貸し出し、さらに農地以外のものに転用するというのだから。

憲法と法律のみに拘束され、独立して職務を行う裁判官が、こうした事態を認めるのは、自己矛盾の極みである。裁判官は危険地域に足を踏み入れたのであり、これはルビコンの河に飛び込んだようなものなのだ。

「明け渡し命令」とか、「強制執行」と言うのは農地の所有権や耕作権を認めるどころか、権力という暴力によって農地を取り上げるものだからである。この暴力性と反民主主義こそ、ルビコン河を渡ったという所以である。

亡国農政と三里塚

三里塚の問題は、国家権力の圧政によって生じた農業問題である。空港建設との比較において、なぜこれほどまでに農業が軽視され、農地法の理念からは考えられないような農地取り上げがなされようとするのか。それはこの国の農業政策に原因の一端があると思われる。

絶えて久しい「農業の曲がり角」論

戦後農業にとって大きな事件は三つある。一つは戦後の農地解放であり、二つは戦後政治の総決算を唱えた一九八〇年代の中曽根臨調による農業潰しである。三つめは農地法改悪である。この中で中曽根臨調によるコメ潰しは凄まじい。当時「農業の曲がり角」論が台頭してきたが、農業潰しが急ピッチであった。

「農業の曲がり角」論が言わんとすることは、農業の「自然死」への危惧であった。放っておいても農工不均等発展が生じ、工業の発展のために農業が踏み台にされ農業・農民は弱体化して行く。自然死とはこの工業の踏み台をそのまま放っておく状態を言う。当然農業・農民側から悲鳴が起きる。そこでこの悲鳴に対処しようとして、「曲がり角」論が論ぜられた。そうすることで、農業をなんとか再生したいという気持ちが日本人にはあった。

ところで、この「曲がり角」論は明治時代からあった。それは近代化の中で農業（農民）が顧みられなかったからである。その状態を見て農学者の大家横井時敬は小農保護論を唱えた。これなど「曲がり角」論の嚆矢《こうし》と言っていいだろう。しかし柳田国男は、小農保護は結果的に自立不可能な農民を農村に滞留させることで、農村を低賃金プールの棲家《すみか》とすると考えた。そして、これは「国の病」であるから、農民が農業で食えるように中農育成を唱えた。しかし、中農育成論は受け入れられるところとならなかった。

明治以来の農政学は農本主義の色合いが強かった。急速な近代化・工業化で農業が取り残されたからである。そして「曲がり角」論は連綿として起きては消え、消えては起きを繰り返してきた。宮沢賢治もその一人である。当時日本の七割が農民で、農民は地主制や近代化の圧迫で苦しんでいた。そこで賢治は自然に寄り添いつつ自然と共にある農業を大切にし、その心の延長上に、農民自治の文化を作りたいという「農民芸術概論綱要」を唱えた。

当時、「曲がり角」論者はまだいた。大西伍一の農民自治会がそうであり、江渡狄嶺《えどてきれい》の創業農制論がそうであり、住井すゑ、堀井梁歩（雄物川べりでブドウ農園を開いた）にしても「農業の曲がり角」（都市文化の商品経済等による圧迫）を何とかしたいということであった。

二・二六事件にしても兵隊の多くは、農村の出身で、疲弊した農村を何とかしたいと言う気持ちから事件が起こった。そういう意味で二・二六事件は「曲がり角」を表現していたともいえる。高度成長の頃もそして中曽根臨調の頃も「農業の曲がり角」論がかしましく論じられた。しかし、これを最後に「曲がり角」論は姿を消した。農民の数が減ったし商品経済に飲み込まれたからであろう。

それだけではない。一九八〇年代中曽根臨調が始まるとがらりと変わった。前川レポートに示されるように、大企業の多国籍化を進めるため国内再編が行われ、農業は不要とされ農民は「絞殺死」されることになったのである。そこで「農業の曲がり角」は、言われなくなった。農業問題をオブラートに包んで問題を見えなくしたせいであった。この結果、日本の農業は大企業の国内植民地、その上に安保条約第二条による経済ルールのアメリカ化――言葉ではルールの調整と言っているが――の押しつけの結果、アメリカが乗っかっているという構図ができ、日本には農業はもうなくてもいい存在にされたのである。

アメリカへの「おべっか外交」

アメリカには「アメリカによるアメリカのためのルール」があり、この日本とアメリカの関係を、戯画化した会話にして見れば次のようになる。この戯画には戦後のアメリカによるコントロールの結果が隠されている。その最たるものは原発であり、ＴＰＰであるということを自覚しなければならない。

〈前川レポート（一九八六年）を巡る中曽根康弘首相とレーガン大統領の会話のやりとり〉

ヤス「ロン殿、日本国内で発表する前に前川レポートを提出しますので、よろしくお願いします」

ロン「前川レポートの要旨は何かね」

ヤス「あなた様に以前言われた通り、日本の構造調整です。つまりスクラップ・アンド・ビルドの精神に基づき、国内の弱い産業は潰し、強い産業を育てて行くことです。簡単に言うと、車や家電製品を買って下さい。その代わり、あなたの国から農産物を買います」

ロン「これで対日赤字は減るかね」

ヤス「これまで農業は『自然死』でやってきましたが、今度は遠慮会釈なく、農産物を輸入して、潰れる農業は潰そうと思います」

ロン「それは結構な話だ。我が国の輸出産業は、兵器と農産物だから大いに農産物を買ってくれ。そうすれば貴国の構造調整も大いに進むと思うよ」

ヤス「有難うございます。それから我が国は、貴国のための基地を提供して、不沈空母にして差し上げます」

ロン「基地は我が国の世界戦略の要だ。自由に使えるように提供してくれたまえ」

ヤス「承知しました」

ロン・ヤス会談から三十年後のトランプ・安倍会談でもロン・ヤス会談の片鱗をのぞかせた。トランプは大統領になったばかりなので、閣僚人事が整わず政治始動はまだであった。そのため首脳会談は時間稼ぎをしたので、嵐の前の静けさの中で友好ムードが目立った。その友好ムードの陰に三十年前の会談の片鱗をのぞかせたのである。ロン・ヤス会談にならってトランプ・安倍会談を戯画化してみよう。

安倍「大統領殿、過分のおもてなし、身に余る光栄です」

トランプ「イスラム七ヶ国からの私の入国禁止令に対する、欧州からの雨あられの批判はきつい。その中で私に好意を持ってくれてありがとう。晋三首相の来訪を歓迎したい」

安倍「日本では私の大統領訪問を、深入りして、ルビコンの河を渡るのは危険だと批判する人もいたが、大統領は慕ってくる人には厚いもてなしをすると聞き、思い切って貴国にやってきました。私の期待どおりで嬉しい限りです」

安倍は続けて言った。

安倍「記者から質問のありました難民問題はノーコメントにさせていただきました」

この発言には、トランプの機嫌を損ねまいとする安倍の配慮が隠されている。

トランプ「それはいい。ゴルフの時間もゆっくりとってあるので、リラックスしていって下さい」

トランプは満足気味だ。ここで安倍は相手の懐に飛び込むように、言った。

安倍「日本の高い技術力で大統領の成長戦略に貢献し、貴国に新しい投資と雇用を生み出されればと思っています」

トランプ「今回は二国間経済の面倒な話はペンス・麻生両氏に任せ我々はゴルフ三昧で行こう。雇用増大は選挙の公約なので、晋三首相の提案はなににも増してありがたい」

トランプも安倍との友好ムードを演じるため、円安や対米黒字のことは棚上げして、日本経済批判は一切言わなかったし、安倍も難民問題を、上述のようにノーコメントで通し、話を雇用増大のような実利話に持っていった。

最後にトランプは言った。

トランプ「何はともあれ、相互互恵で行きましょう」

ところで、「今回は」とか「相互互恵」と言ったことは意味深長である。「今回は」というのは、閣僚の陣容が整えば、次回から風あたりが強くなるという予告なのである。さらに、「相互」と言う言葉も意味深長だ。この言葉は、今回の共同宣言でも「日米相互の利益促進」とあり、日米安保条約の正式名も「日本とアメリカ合衆国との相互協力」とあり、その第二条で「経済政策での食い違いは取り除く」とある。ここで言う「相互」とは「お互」にという言葉ずらとは違って、アメリカで貿易赤字ができたら日本はそれを補うという意味である。農産物が自由化されたのも「相互」互恵のせいで、「相互」で利益を得るのはアメリカで、損失をこうむるのは我々農民である。

なぜ農民が損失をこうむるのかといえば、「相互」の背景に戦後の日米関係が隠されているからである。日米安保条約によるアメリカの軍事支配である。日米安保条約のそもそもの狙いは、共産主義圏の拡大を抑えるための防波堤として日本を利用することにあった。それを日本は、アメリカが日本を軍事的に守ってくれると受け取り、その代わり日本は農産物の市場を開放せよとのアメリカからの要求を飲んでいる。この特殊な日米関係は、二国間交渉になろうとTPPであろうと変わりはない。いわば「軍事」と「経済」を取引しているようなものである。

かくして、ひどいのになると一九七〇年代から八〇年代にかけての、公共事業の増大や大店法をもたらした構造調整がある。今回アメリカはもてなしに徹したが、しかしいつ弱いものいじめに転じるかわからない。安保条約はその「道具」であり、「衣の下に鎧あり」なのである。安倍首相はトランプ大統領とゴルフ会談をして悦に入ったが、この会談風景は「アメリカに経済を譲ってもいいぞ」とトランプに忖度《そんたく》をしているように感じる。

中曽根首相とレーガン大統領や、トランプ・安倍会談の会話の背景には、対米外交のあり方が隠されている。対米外交は戦後抜きさしならないほどに、アメリカに「甘え」ながら「従属」の関係でやってきた。日本はアメリカの顔色を見て、アメリカの気にいるように言われるままの外交を行ってきたのである。この外交は「同盟」と言っているが、その実「おべっか外交」「御用聞き外交」「忖度外交」といっていいだろう。

この「おべっか外交」は農業に、そして沖縄に典型的に現れた。両者共に大企業や、冷ややかなヤマトンチューの抑圧のもと従属体制下に置かれているからである。戦後農業が潰されてきたのは、「おべっか外交」によって日本が長年お膳立てしてきたからである。これが「同盟」の本質である。その証拠にアメリカは弱いものを見ると、嵩にかかって相手を退治してきた。アメリカは貿易交渉では日本に対して高圧的だ。同盟、つまりアメリカの最終の狙いは、日本をアメリカ型経済にし、日本をアメリカの市場に組み込むことなのである。換言すれば、日米同盟強化とは農産物の市場開放でもあり、金融・保険などの分野をアメリカに取り込むことでもある。

トカゲのしっぽ切りの農産物自由化

こうして、一九九三年のWTO合意ではミニマム・アクセス米が唐突に出てきたが、これはアメリカに押しつけられたからである。しかも、ミニマム・アクセス米は、米の生産量（八百万トン）の八％だから六十四万トンでいいものを、七十六万トンも押しつけられている。七十六万トンというと国内生産量八百万トンの約一割に相当する。米余りの中で生産調整までさせられた上、こんなに押しつけられ日本はどうなっているのかと言いたくなる。

それなら、WTO合意に向けてEUはどうしたか。ガットに替わってできたWTOは、「押し売り貿易システム」であり、これに対抗して「食肉一括合算方式」と「デ・カップリング」である「戸別所得補償制度」をアメリカに認めさせたのである。「食肉一括合算方式」とは「これまで輸入したことのない品目は、今後は消費量の五％を輸入せよ」という取り決めを逆転利用したものである。EU

は馬肉を大量に輸入することで「食肉全体で五％」という帳尻を合わせ、牛や豚を守ったのである。(「食肉一括合算方式」については一〇八頁で補述)

ＥＵにとって酪農は日本の米であり、農業の柱であった。「食肉一括合算方式」が認められるなら、日本は小麦、大豆、その他穀類を輸入しており、泡盛用に五万トンの米も輸入している。それをカードに使い「穀類一括合算方式」を主張し、米の輸入を阻止できたであろう。ところがこの合算方式を、農水省を除いて誰も知らなかった。それゆえに、農民運動の議題にもならず、政府はこれ幸いと「単品」で交渉にのぞみ、トカゲのしっぽ切りのようにその都度、オレンジ、牛肉、米という具合に、輸入自由化していった。

「単品」交渉になるのは、アメリカべったりだからでもある。この点、古い話で恐縮であるが、ボンサミット(一九八五年)でのフランス大統領のミッテランと中曽根首相の立ち位置の対比は面白い。サミットにおけるレーガンの狙いは、アメリカの不況克服のため農産物の輸出拡大にあった。これに対して、ＥＵの盟主フランスとしては共通農業政策(ＣＡＰ)を破壊されては困る。そこで、ミッテランは「フランスこそＥＵ農業の、ひいてはヨーロッパ農業の保護者である」というオブラート(論調、理屈)をかぶせた。つまり、本音を貫くのに、まず建前によって本音をさらけ出すことを避けた。

建前を重く見るか軽く見るかの違いは、日本とフランスとでは違っていた。中曽根首相は内心、コメの自由化に反対なのに、「反対」を言わない。日本にとって建前は大勢の中にあり、そこでその大勢の許す範囲内で本音を貫こうとする。この点、写真撮影の時、中曽根首相がレーガン大統領にべったり寄りそった姿は面白い。この写真は日本にとって大勢はどこにあるかを示している。

この建前を自分で作る努力をしないで、大勢の中の許容範囲を捜すという方法は、大勢に飲みこまれまいとする一時しのぎの手段にすぎない。事実目先のことしか目に見えないという、その時々の本音をさらけだす本音外交の結果、「単品」交渉となってしまうのである。

ＴＰＰ交渉も「聖域五品目を守れ」という旧来型の「単品」交渉を脱する事はできなかった。それどころか前川レポートを日本で発表する前にアメリカに行き、レーガン大統領に恭しく提出したのである。この無原則の行為からは、日本の農業を売り渡したという印象を受ける。この行為は「甘え」と「従属」が強すぎる結果でもある。いずれトランプ大統領とは貿易交渉があるであろう。厳しい交渉が予想される。この際、「甘え」と「従属」意識に基づいた交渉の戦術を変えた方がいい。

十年近く前、鳩山由紀夫首相（当時）は沖縄基地の県外移転を表明したが、アメリカに「NO！」を突き付けられて、国民はアメリカに異議申し立てをすればよかったのに、非難は鳩山首相に向かった。アメリカに対して「甘え」と「従属」意識のある国民は鳩山を支えるどころか、鳩山下ろしに向かったのである。

加藤周一は『夕陽妄語』で、「大城立裕―沖縄の作家―が『沖縄の心とは、日本人になりたくて、なれない心である』といったことに対して、加藤氏は「それは同時に日本人になりたくなくて、なってしまう心でもあろう」といった。加藤氏の言葉からは、無理やり日本に引き込まれる沖縄の現状が思い浮かぶ。鳩山首相が県外移転を言った時、国民の反応から、沖縄を日本に引きこみながら沖縄とつながっていない事を私は感じた。つながっていないのは、日本人は沖縄の怒りをどこか遠い話として「夢想」しているからなのであろう。

高圧的アメリカであっても、アメリカは沖縄の騒動が反米感情につながっていかないか、注目しているに違いない。アメリカにとって基地は沖縄でなくてもいいと思っていることだろう（森本敏防衛大臣は退任後、基地は軍事的には沖縄でなくてもいいが、政治的にはそうはいかないと語っている）。従って、沖縄の基地問題は国内問題である。

日本の家族農業も消滅か否かの危険水域に入り、日本の中心軸を失おうとしているのに、国民は黙って見ているだけである。「農は国の基《もとい》」「豊葦原瑞穂の国」と言われながら、現状はこの言葉とかけ離れていることに私は違和感を感じている。しかも、「公共」の名を借りた土地取り上げや基地化策動が、「国策だから従え」とばかりに市東さんと辺野古で行われている。「夢想」視は農業にも見られ、農業問題はどこか沖縄問題に通底しているのを感じる。

「自由貿易信仰」を流布する東京のマスコミ

だが当時、ロン・ヤスの関係（農産物市場の開放）は国内からも押し寄せて来た。マスコミだ。中曽根臨調の考えが国内に浸透したのか、「コメ開放が先にありき」の言動がマスコミにも広がったのである。九〇年代初期、全中（全国農業協同組合中央会）青年部主催の、東京のマスコミとの討論会があった。わたくしも参加させて貰った。当時のメモによると十七人のマスコミ人に呼び掛けて五人しか集まらなかったとある。これには私もがっかりした。しかも、マスコミと我々の間は溝が大きかった。

マスコミの結論は時代の流れだから自由貿易も仕方がない。「農業が必要か否か」のこちらの問いには「コメは高い」という返答。経済合理主義で心は占められていることをこの討論会で感じた。

このような中曽根臨調による疾風怒涛の如き農業潰しの嵐を見ていると、こうも感じる。コメ自由化を「国際化」という美辞麗句に置き換え、「国際化」という錦の御旗をつけた「戦車」で、総攻撃を受けているような戦慄をおぼえる。もちろん、戦車を送り込んでいるのは財界。戦車のオペレーターは政府。その後から弾薬を持って、東京のマスコミ、学者がつき添っているように思える。

では「国際化」「自由貿易」の美辞麗句の掛け声が叫ばれているのはなぜか。日本の大企業が世界の大企業に伍してさらなる儲けを得るため、農民をいけにえとする経済の仕組みが必要であったからである。そのため「自由貿易信仰」を国民に流布するため、「国際化」「自由貿易」の美辞麗句が生み出されていく。

こうして高度成長の頃の「曲がり角」論は最終にして最後の大きな花火であったのであろう。我々の「コメ・農業潰しに黙っていられない秋田県委員会」の運動も農業潰しの危機に反応した農業再生運動であったが、線香花火のように消えてなくなった。かくて農業再生に無関心な日本列島は、農業が必要なのか否かについて音沙汰なしになってしまった。そしてＴＰＰの「障壁ゼロ」のシステムを受け入れつつある。トランプのＴＰＰ離脱で、一旦はその難は免れた。奇貨としなければならない。

「非関税障壁」とは、各国の文化・伝統・しきたり等、関税以外の貿易障壁である。それは「関税」とともに、そのような「障壁」を徹底的に無くすルール作りである。多国籍企業が今や目の敵にしているのは関税に続いて非関税障壁なのである。自由貿易信仰に踊らされているうちに「障壁ゼロ」の落とし穴にはまり込まないとも限らない。自由貿易主義と「障壁ゼロ」を目指す「非関税障壁」撤廃は似て非なることに、国民は気がつかなければならない。

例えば政府には、コメを関税ゼロにする覚悟はあるだろうか。「関税ゼロ」の実現によって世界の中で生き残るのは強い農業だけである。その結果世界中から各国の農業のみならず文化、伝統まで失う可能性がある。日本人は自由貿易主義は「善」なりと信じて踊らされているだけではないか。過ぎたるは及ばざるが如しで、自覚せず単純にＴＰＰを自由貿易主義と浮かれるのはおめでたいと言わねばならない。

しかもトランプは、奇貨を持たらしたとはいえ油断禁物だ。トランプは歴代大統領以上に高圧的なので、アメリカへの「甘え」と「従属」の関係を続けてきた日本が、トランプの高圧的態度を防ぎきれるか疑問である。

私はカンボジアのアンコール地区に行った時のことを思いだす。アンコール地区には「王即神」を信じて王様は生存中から自己の信じる宗教と一体化するため「廟」を作った。当時、カンボジアはコメの三期作を行い、今の領土の三倍もあったので、人口は二千万人とも三千万人もいたと言われた。だが一六世紀にシャム王国に滅ばされると、秋のつるべ落としのように没落した。その結果いくつもあった「廟」の地には人が住まなくなり廃虚化した。その結果、樹海の大海原の中に呑みこまれて見捨てられ、人の気配のない風景からは、一族全体の巨大な墳墓のようにヒンヤリして暗い印象を受けた。

特にバイヨン廟を見た時、今にも崩れそうでいて、まだ原型をとどめている姿に奇異観を受けた。そして人間がやることのはかなさ、あわれさ、おかしさというものを見て、私は人間は「偉大」なのか「愚か」なのかと考え込んでしまった。「初めに貿易ありき」の信仰は、日本でも農村に休耕田や打ち捨てられた用水路、廃虚村を撒き散らした。そこからはバイヨン廟に似た暗さ、冷たさを感じる。

「人、作物、農地」の三奪作戦

戦後自民党農政は一貫して家族農業を潰してきた。それを散文風の政策に翻訳してみると、作物を奪い、人を奪い、最後に農地を奪う三奪作戦ということになる。三奪作戦は亡国農政である。農業を消滅させることをも意味しているからである。一九六一年の農業基本法は通常儲かるコメ、肉、果樹を選択拡大せよと宣伝されてきたが、実は農業基本法の本音はそれとは違うところにある。すなわちアメリカは一九六〇年ヨーロッパのEC（ヨーロッパ共同体）に小麦、大豆を押し売りしようとしたが、「我が方は共通農業政策（CAP）が始まる。これはヨーロッパを結び付けるセメント役なのでなくすわけにいかない」という理由からアメリカからの小麦、大豆の押し売りを断った。そこでお鉢が日本に廻って来たのである。小麦、大豆は「選択的縮小」してアメリカの物を買えと言う訳である。

言い換えれば、農業生産を神聖視した食糧管理法が、市場原理主義をバックにした儲かる農業（選択的拡大）を唱導してやまない農業基本法に負けた事を意味する。それは農産物を「食糧」でなく「モノ」と見る農業基本法が、農政をリードして行く下地となった。しかも、そこにアメリカの押し売り貿易（御用聞き貿易）が加わったので、農政は軟弱だった。

このように農業基本法は「作物」と「人」を奪ったが、今や「土地」を奪おうとしている。先祖から住みなれた土地に住めないようにするのだから、これは「地上げ屋農政」あるいは「亡国農政」といっていい。その目的は企業が農業に参入しやすくするためである。農民を追い出すために、米価を下げたり、減反を強化したり、「地上げ屋農政」の伴奏役のようないじめの政策もつけ加えたりする。

コメ市場開放の要求に対して、国会は市場開放禁止を決議しながら、それを無視したのは政治家の無責任からであった。それが農村を崩壊させてきた。農村の崩壊とは国土の崩壊である。日本国土に累々とした屍を重ね、農村がアンコール化して冷んやりとした暗さの中で横たわっている。

その陰に基本的人権の問題がある。農業をやっても満足に食えないというのは基本的人権が不足しているからであり、歴代自民党政権が日本の農業を売ってきたからである。戦後民主主義体制の崩壊と農村の廃虚化は表裏一体だと私は言いたい。

この「地上げ屋農政」（亡国農政）は三里塚に象徴的かつ徹底して現れている。市東さんからの土地取り上げは、今の農政を遺憾なく映しているように思う。

一九五八年から十三年間大分県の下筌《しもうけ》ダム建設に、「暴には暴」「法には法」を掲げて闘った蜂の巣城の故室原知幸さんの言葉が胸に響く。

理に叶い
法に叶い
情に叶う

日本の農政は、理にかない、法に叶い、情に叶っているといえるだろうか。満足に食えない農業を前にして、とてもそうとは思えない。

日本の農政は憲法的人権を侵している。農業復権は護憲運動と表裏の関係にある。農業の再生には、真の意味での民主主義の再生が必要だと思う。

「農地は我が命」の農業観

今、日本人の農業観は、生業観とビジネス観の間で揺れている。確固とした農業観がないのである。農業はもともと生活即農業、農業即生活の関係にあった。農業をすることが生活そのものであったのである。もっとも「農業」ということの中には、生活の仕方、生き方、価値観といったものが隠されている。それは、「農業」そのものの持っている歴史性、特性によるものであろう。そしてこのような生業《なりわい》観から、例えば「晴耕雨読」という言葉も生み出されてきたのであろう。私が中国の雲南に行った時、そこの農民李四氏は竹で籠を作っていた。「そういうものは買ったら」と言うと「日用品は農閑期か時間のあいたときに作ると」いう話であった。彼の話を聞いて敗戦直後の日本を思い出した。あの頃は、わらじを作ったり、鶏を飼ったり、燃料用の松葉をさらったりして自給自足の生活に近いものだった。

生業観が当然という農業観の均衡を破ったのはアメリカや新大陸型農業である。アメリカは一九六〇年代リンカーン大統領の時、ホームステッド法により六十五ヘクタールを五年以内に開墾し

農業観の分裂

生業観 ←――――→	**ビジネス観**
自給自足型農業（ストック型経済）	金儲けの農業（フロー型経済）
（複合経営）	（大規模化・機械化・単作化）
（物建経済・物々交換）	（金建経済・貨幣経済）
土地の伝統	多国籍企業の権力
本物の食べ物（食品は神聖なもの）	得体の知れない食べ物（投機品）
（食糧管理法）	（食糧法）

たら無料譲渡するという制度がもうけられた。自営農民を作るためである。当時は馬耕の時代、交通手段も馬で、農業は生業に近かった。

しかし、産業革命を経た新大陸農業は、工業の発達と共に農作業の機械化を進め、豊富な資源、広大な耕作面積を活用して大量の余剰農産物を生み出す。そしてこれを輸出に向けた。そこに多国籍企業も乗り込んできて余剰農産物の輸出に拍車をかける。こうして「先に貿易ありき」の観念が生みだされていった。今、日本ではこのビジネス観に毒されて、「三本の矢」に該当させて「攻めの農業をせよ」「農産物を輸出せよ」と農業を貿易論の中に取り込んでいくようになった。しかしこれはアメリカの後追いで成算の見込みはない。ましてや補助金をつけて輸出で成り立っているアメリカには及ばないであろう。

成田空港問題は、国家権力の圧政により生じた農業問題あるが、それなら、実際の農業者としてはどんな農業形態によって、この農業問題・空港問題を乗り越えようとしているのか。市東さんの答えは完全無農薬・無化学肥料の有機農法で農産物を生産し、それを顔の見える「産直」で消費者と結びあうことである。

このため年間六十種類以上の無農薬・無化学肥料の野菜を栽培しているという。父の後を継いで農業をする気になったのは萩原進さんから「産直形式でやれば大丈夫」と言われたこともあったという。市東さんは言う。

「私の畑は産直消費者のものでもあります。現在四百軒の消費者に野菜を届けています。「農家だより」や消費者からの手紙、産地交流会や総会で「顔の見える関係」を作ってきました。このことは南台と天神峰の、私の有機土壌から生まれる野菜によって成り立つ関係なのです」（裁判陳述書）。このため市東さんは何より土作りに気を使ってきたという。続けて市東さんは言う。

「私の土地は祖父市太郎の時代から百年耕してきました。父東市の遺言を受けて相続してからは、何度も改良を重ねており、畑は私の体の一部と言っていいです。農地は単なる土地ではありません。特に有機農業は土作りがすべてです。畑には毎年乾燥鶏糞、カキガラ、米ぬかなどを一反歩に二トンから四トン鋤き込んでいます」

「私は何年にもわたり精魂こめて自分の野菜作りに合った農地へと変えてきました。畑には億の数の微生物が生きています。だから、農地は私にとって命であって、表土をはぎ取り移せばいいというものではないのです」（同）。

有機農業は一九七〇年代、全国的に出現した。それは高度成長時代に単作化と規模拡大の近代農法が強いられ、自己完結型農業が潰されたことに対する揺り戻しでもあった。三里塚の有機農業は、空港反対闘争の中でいかにして農民が農民として生き延びられるかという道を模索する中で生まれた。

だから市東さんは農地は一朝一夕にできるものでないと言っているのである。市東さんは何かあると畑の土を見本に持ち歩く。裁判でも証拠として提出している。確かに、その土を手に取るとやわらかくふかふかして気持ちのいいものであった。市東さんはこうも言う。

「千葉県農業会議を傍聴した時、農地課の役人は補償金一億八千万円は百五十年分の農業収入に当たるから解除申請を許可すべきと私の前で報告しました。これは私に農業をやめろと言うことです。あんたの農地は貰いますよと言っているようなものです。しかし先祖代々から受け継いだかけがえのない農地は明け渡せません」（市東さんの会会報『耕す者に権利あり』）。

今、農民は従来の農協による一元集荷、一元販売から解き放たれ、個々の農家がバラバラに、「世界市場」の一端である大手スーパー、大商社等の流通業者と向き合わされるようになった。この「世界市場型」の流通では農産物は単なる「商品」とみなされる。これに反して、「産直」は「コミュニティー型市場」を目指すことで、資本の論理の跋扈《ばっこ》を阻止し人間を回復しようとする。

農村は単なる「生産の場」でなく「生活の場」であり、「農業」は工業を超える何ものかであって、農業を工業と並ぶ平板なものに扱ってはならないと思う。それが三里塚闘争が教えることの一端かと思う。

自由民権運動の伏流水 ――谷中村、秩父事件と三里塚

ここで余録――。谷中村事件と秩父事件は三里塚や市東さんの闘いを映し出す鏡である。

谷中村事件は、栃木県足尾銅山の鉱毒によって、廃村に追い込まれた事件である。谷中村は戸数四百五十戸、人口二千七百人、耕地千二百ヘクタール。渡良瀬川と利根川の合流点の少し北側に位置する村である。ここは盆地で洪水で溢れた水は谷中村を目指し押し寄せてきた。当然、洪水のたびに鉱毒も渡良瀬川を通って谷中村にも流れ込む。その意味で谷中村は時として、天然の遊水地になった。

ところが、鉱毒問題が世間に広く知られるようになってから、逆に治水問題にすり替えて、ここを遊水池化しようという国、栃木県の策動が始まる。遊水池にすれば鉱毒事件を消し、鉱毒を沈殿させることができるからである。このため明治三五年頃から、栃木県は陰に陽に谷中村に人が住めない廃村化を進めた。

陰に陽にというのは明治三五年八月の堤防決壊を口実に堤防を削り取り、あるいは政府が渡良瀬川逆流口を広げたりすること等により、洪水になりやすい河川改修工事をやったりしていることをさし

ている。県が堤防の削り取りをしたのは国の要請によるものであった。そしてついに廃村決定の五年後の明治四〇年六月二十九日から土地収用法に基づく強制収用（住宅の破壊）が行われている。この時には残留民はわずか十六戸。彼らは田中正造と土地収用反対行動を共にした人々であった。

足尾銅山は当時、全国銅生産の四割を占めていた。足尾鉱山の所有者は古河市兵衛。当時、銅の精錬の燃料として使われたのは木材であった。市兵衛は政府から、広大な面積の山林を安い価格で払い下げられた。ここで田中正造が見たものは、「殖産興業」という美名のもと、農民を犠牲にして一企業のために、利益を図ろうとする政府の暴挙であった。田中正造は「財を紊《みだ》し、民を殺し、法を破って国が滅びない事はない」「民を殺すは国家を殺すなり」と言っている。さらに田中正造が見たものは、人間性回復の場が農業なのに、ソロバン勘定と引き換えに命（糧、人間性回復の場）を切り捨てているというむなしさであった。そこで十六戸の農家と共に人間性回復（憲法と自治を守る闘い）に入って行くのである。

しかし、田中正造は弟子の島田宗三に「本当のところ余り農民を尊敬していない」と語ったと言われる。残留農民は赤砂の悪土をあてがわれた。開墾により土地改良に務めた。そして戦後の農地解放で自作農になった。

三里塚も「公共事業」の美名のもと、成田空港会社という一企業のため、陰に陽に土地取り上げの脅しにあい、土地収用の嵐に見舞われ、谷中村に似ている。三里塚の歴史は、土地収用との闘いの歴史でもあった。三里塚の再生・再造は可能か。明治三三年二月十三日の三千人という〝押し出し〟は、当時の請願行動の中では最大であったという。かつて、故萩原進さんは霞が関を囲むくらいの示威運動をやろうと呼びかけていた。秩父事件のように奪権闘争は勝ち目がないので不要だが、示威運動は必要だろう。

この際、酪農学園大学名誉教授の故桜井豊氏から教えてもらった、シューマッハー著『人間復興の経済学』をひも解いて見るのもいいかも知れない。この本のサブタイトルは、*Small is Beautiful* である。巨大主義、物質主義に批判的な本だ。

「この世は抑圧と解放の無尽の縁起である」

この言葉は秩父事件にぴったりである。

「恐れながら天朝様に敵対するから加勢しろ!」――抜刀しながらこう叫んで、決起の魁《さきがけ》として立ち上ったのは埼玉県秩父郡風布《ふうぷ》村の組長である大野苗吉であった。明治一七年十月三十一日のことである。大野はいち早く蚕室を立てた上層農家であった。明治の企業は政府払い下げの政商が多かったが、生糸産業だけは違っていた。自生的・土着的にマニュファクチュア(産業革命)を展開していたからである。だが松方デフレは生糸産業を凋落させた。そこで農民は立ち上がったのである。

明治一七年十一月一日暁天のもと、秩父郡下吉田村の椋《むく》神社には三千人が集まった。軍の組織、参加者の役割、諸注意を聞くと三千人の鯨波は進軍を開始した。向かったところは高利貸、役場、裁判所などである。これらは大宮郷（秩父）にあった。陽の昇る時刻になるとその最大規模は一万人になったと言われる。大宮郷を目指していくと、小鹿野の峠に出る。ここは眼下に大宮郷を見下ろす高台になっている。そして二十三番札所があり音楽寺がある。私はここに行ったことがある。

音楽寺がルートとして選ばれたのは小鹿野から大宮郷への進軍の近道に当たっていたからである。私は眼下に大宮郷を見下ろしながら、決起した民のことを考えていると一つの感慨に襲われた。いつもは「生活の道」として往来していた峠も、あそこが自分達をいじめてきた権力の中枢であり、その中枢部の奪権と変革によって自分達の自由は達せられるのだという思いから、彼らは「世直しの道」と「世均《なら》しの道」にと変貌する革命幻想に浸ったであろうと思えたのである。

かくして、あたかも小川が集まって大河となるがごとくに、それこそ無数の集落からいくつもの峠を駆け降りて来た農民兵士どもが、ここで音楽寺の鐘を乱打しながら、大宮郷をめざしてこの峠から疾走して行った姿が見えるようである。音楽寺の鐘は、彼らを「絶望から希望」へと奮い立たせる合図であったようにも思えてくる。十石峠越えを目指したものの、信州佐久への「長征」に失敗した菊池貫平のエピソードを交えて、もう一つの日本を夢見た秩父事件（秩父コンミューン）は搾取と圧政を終わらせようとした点で、長く語りつがれていくであろう。明治政府をびっくりさせた秩父コミューンは、自由民権――といっても板垣退助のハイカラな自由民権でなく、「土着的性格」と「自主性」の強い自由民権運動であった。日本の自由民権運動がもう五年も続いたら、日本はもっと変わっていたかもしれない。三里塚と市東さんの闘いは、自由民権運動の伏流水を生きる運動だと思う。

私は「民主主義の闘い」と言う言葉より、奥多摩で千葉卓三郎が「四日市私擬憲法」を生み出したように、「自由民民権運動」と言った方が土着的でピッタリくる。

民衆の運動を広げるには一体の関係を作り出すことが必要のように思う。それは宮沢賢治流に言うと、「極大（マクロ）と極小（ミクロ）の一致した状態」を言い、江渡狄嶺《えどてきれい》流に言うと「包み包まれる」という状態を言う。具体的には、例えばコメ自由化反対によって日本農業全体と個人の農業が同時にうまくいく事を考えてもらえばいい。うまくいったのは、極大と極小が一致したからであり、包み包まれたからである。あるいは市東さんの農地取り上げを、我々と切り離した問題とは見ない。むしろ地上げ屋農政の中で我々自身の問題として見る。いつ自分に降りかかってくるかわからないからである。なにごとも一つのものとして、区切って見ないことが肝要であると思う。

第Ⅱ部

亡国農政を批判する

ブリュッセル十万人デモの一員として。先頭の右端が著者（1990 年）

〔序〕 戦乱の満洲から秋田・大潟村へ

私が生まれた時、父源吉は満洲国の法庫にあった農事合作社に勤めていた。法庫は奉天（現在の遼寧省瀋陽）の北八十キロの町。農事合作社は満洲農業の近代化を目的にした国策会社で、後に金融合作社と一緒になって興農合作社となる。私は子どもの頃見た夕日の迫力が忘れられない。この世のすべてを茜《あかね》色に染めてドーンと落ちていった。

父源吉が召集され、食料事情の悪化で弟博が亡くなり、ソ連が参戦して日本の敗戦、父のシベリア抑留と大きく動き混乱する昭和二一（一九四六）年七月、母は博の骨箱を首から下げ、リュックの下半分に荷物を詰めて、その上に二歳の弟正憲を入れて背負い、五歳の私の手を引いた。南新京駅（今は廃駅）を無蓋列車で遼東湾の胡蘆《ころ》島に向かい、引き揚げ船に乗って帰国した。

苦しい家計の中で奨学金を得て東北大学を卒業後、北海道東北開発公庫に就職。公庫は地域開発のための政策金融機関で、後に日本開発銀行と統合して日本政策投資銀行となった。北海道支店に転勤後、悩みに悩んだ末、訓練期間を経て、一九七〇年（昭和四五年）八郎潟干拓地（大潟村）に四次入植し百姓になった。

だが、この時すでにコメ過剰が顕在化し減反政策が本格化する。コメ余りによる新規開田抑制策に基づき、入植は四次で中断、農地五千ヘクタールが宙に浮いた。入植を五次までとし、残る農地を再配分し、水稲単作から田畑半々とすることが告示された。

私は営農計画書に「十五ヘクタールに稲作を行う」と書いて、八郎潟新農村建設事業団に提出して抵抗権を行使した。だが、職員は書き直しを命じ、提出書類に赤い文字で「要注意」と書き添えて、段ボール箱にポンと投げ入れた。めんたまを三角にしたその表情を見て、権力とはこういうものかと実感した。

その後、大潟村では生産調整のための青田刈りが強要され、ヤミ米派が大手を振り、「食管不要」論が横行し、村が揺れ動く中、日本はコメの自由化と農産物の市場開放へと突き進む。これに合わせて食糧管理法が廃止され、農地法が改悪されて大手企業が農業に参入し、農家の廃業が進んでいる。

農地は減少の一途。「これ以上の減少は食料生産の危険水準」として、国が維持すべき最低限とした四百七十万ヘクタールを二〇〇七年に下回り、その後も下がり続けている。

関税ゼロをめざすＴＰＰ（環太平洋経済連携協定）は、断崖絶壁に立つ農家を崖から突き落とす。

第Ⅱ部は、二〇一一年前後の講演をまとめ一部加筆した講演録蒐集と、時々に書き溜めてきた農業時評から十編を掲載したい。

〔講演録蒐集〕

亡穀は亡国なり　――農に生きる思想と歴史観

はじめに

市東さんの農地の問題を考えることは、農業を潰す農政が鏡のように、映し出されていくのを感じ取ることになると思います。私は、そのような農政がどう展開したのか、私の体験を整理しながら、話してみたいと思います。最初に「亡穀」への戸惑いと怒りを拾いあげ、そのあと農業潰しの農政（亡国農政）の実態について述べ、農業再生に言及しようと思います。

(1) 田中正造の怒り

民ヲ殺スハ、国家ヲ殺スナリ
法ヲ蔑《ないがしろ》ニスルハ

国家ヲ毀《こぼっ》ナリ
財用ヲ濫《みだ》リ、民ヲ殺シ、法ヲ乱シテ
而シテ亡ビザルノ国ナシ
コレ如何《いかん》

田中正造は、「亡国ニ至ルヲ知ラザレバ、コレ亡国ナリ」と帝国議会で声高に叫びました。当時の日本は銅の輸出で食っていました。古河市兵衛が所有する鉱山（足尾鉱山）がタレ流した鉱毒が下流の谷中村に流れ、被害が出ました。この惨状に国民の多くが同情したのですが、何ともならないと知ると、結局目をつぶりました。今も減反に苦しむ農民を見ても、仕方がないとあきらめているのに似ています。

田中正造は怒りに震えて、国会で演説しました。これは百年以上も前の話ですが、それだけたっても日本はまだ同じことをやっている。農民の惨状には眼をつぶったままなのです。

＊国破レテ、山河サエナシ

日本列島には脊梁《せきりょう》山脈があって、そこから引かれた水が、あたかも毛細血管のように張り巡らされた水利によって、国土の隅々まで米が作られるよう先祖が頑張ってきました。その様子は、登呂遺跡に行くと分かります。

ここで次頁の「経済政策年表」を見ていただきたいのですが、これは私が作ったものです。

この表の趣旨は真ん中の「工業政策」を軸に「農業政策」がどう展開したか、記事欄では重要な出来事をのせました。「農業政策」の欄を見てわかることは、「農政は工業に奉仕する」ためにあるということです。その証拠に最近の農政用語を拾っただけでも一九九二年新政策、一九九九年新農基法と「農政改革」の文字がやたらと踊っています。安倍首相は、国会演説で「農政改革」を大胆に進めると口にしましたが、農業の現場を離れた発言内容だけに、恐ろしさを感じています。戦後自民党農政は、「農政改革」を連綿としてやってきたが、それは農業潰しの農政でもありました。その結果、耕作放棄地が、すでに当たり前のように目だつようになっています。

だが、もしあちこちの農地を潰せば水の流れがストップします。人間なら血管のように網羅していた水の流れが途中で止まってしまうと、脳梗塞のように米が作れないところができます。そして米が作れなくなったら、日本農業は潰れると私は思います。というのは、日本の農業は稲作プラスアルファです。ヨーロッパでは、酪農プラスアルファです。農水省は畑をやれといってますが、畑では食っていけません。

青刈りの時、私はコンバインの上に「国敗レテ、山河サエナシ」と書いた旗を立てましたが、そうしたのは、農業ができなくなれば日本はなくなるという気持ちからです。

経済政策年表

年	農業政策	工業政策	記事（財界提言等）
1959			貿易自由化開始
1960			新安保条約、経済同友会（日本農業に関する提言）
1961	農業基本法（選択的拡大）		
1962		第1次全国総合開発計画（所得倍増計画）	
1964			経済同友会「農業近代化への提言」
1967			八郎潟干拓地入植開始
1968			外貨30億ドル
1969		新全総（第2次全国総合開発計画）	自主流通米制度
1970	総合農政		
1971			減反政策開始、グレープフルーツ輸入開始
1974		三全総	
1978			大潟村青刈り騒動決着
1980	「80年代農政の基本方向」（自給力に変更）		
1984			韓国米緊急輸入
1986	21世紀へ向けての農政の基本方向（供給力に変更）	前川レポート（国際協調のための経済調整研究会）	RAM提訴
1987		四全総	経団連「米問題に関する提言」
1991			牛肉、オレンジ自由化
1992	「新政策」（新しい食料、農業、農村政策の方向）		
1993			コメ自由化、平成大凶作
1994	「新たな国際環境に対応した農政の展開方向」「主要食糧の需給及び価格の安定に関する法律」		
1995	食糧法		経済同友会提言
1999	新農基法		

・全耕作面積	480 万 ha	2000 年
水田	260 万 ha	
畑	220 万 ha	
・耕作放棄地	38 万 ha	2005 年
	21 万 ha	2000 年
	16.2 万 ha	1995 年
・不作付地	27.8 万 ha	2000 年
	15.6 万 ha	1995 年
水田 260 万 ha のうち		
減反田	100 万 ha	
使用田	160 万 ha	

それなら、日本の農地と農業の状態はどうなっているのか？　二〇〇〇年のデータですが——

日本の水田面積は二六〇万ヘクタール。その内、減反面積は一〇〇万ヘクタールですから実際にコメを作っている面積は一六〇万ヘクタールです。

全耕作面積四八〇万ヘクタールというのは畑を含めた面積です。一九六〇年には六〇九万ヘクタールもあったので激減です。

この四八〇万ヘクタールの内、水田は二六〇万ヘクタール、残り二二〇万ヘクタールは畑となります。

耕作放棄地については一九八〇年代半ば中曽根臨調が「国際化せよ」といったとたん離農がはじまりました。その結果、耕作放棄地が増えて、二〇〇〇年に二一万ヘクタール、さらに二〇〇五年には三八万ヘクタールにもなりました。秋田県の農地が一〇万ヘクタールだから、なんと約四倍です。「もう耕作する意思はありません」というものですから草ぼうぼうです。

それから不作付地は二〇〇〇年で二七・八万ヘクタール。これは今年は作らないが、来年は作るだろうという見込みの農地です。しかし不作付地は耕作放棄地の予備軍です。両方合わせると約四九万ヘクタール（二〇〇〇年）ですから、全耕地の一割強は休んでいるわけです。

＊マックス・ウェーバーの『古代文化没落論』

マックス・ウェーバーは『古代文化没落論』で「ローマ帝国は外側から滅ぼされたのではない」と書いています。ウェーバーのテーマは古代から封建時代への移り変わりです。この中の大きな問題として、彼は農業問題をあげています。

古代ローマでは、四エーカー（約一町六反）あれば集約農業ができると言われました。ところが貴族は戦争に勝つと戦利品として土地を貰いました。そこで貴族は奴隷を使って大規模農業（ラティフンディウム）を始めます。作るのはオリーブなどの果樹や畜産。儲かるものをやります。他方、小作人である農民はコロヌスと呼ばれていましたが、中世の農奴の起源の一つになったと言われています。その彼等は穀物を作っていました。

ところが、穀物というのは、自分の判断で天候と相談したり、農作物を見て今肥料が必要かどうか決断したりしなければならない。しかし、奴隷は違います。鞭で打たれ時のみ働き、生き物である農地にも注意を払わないわけですから、もちろん、コロヌスのようには機敏な営農活動はできません。それ故、コロヌスが穀物を作るのは身の丈にあっていたかも知れません。

しかし、その内にエジプトやカルタゴなどの征服地の属州から小麦などの穀物が入ってくるようになります。そうすると、コロヌスはやっていけなくなってきます。その結果、今でいえばホームレスとなってローマに集まってきて、コロッセウムの闘技場で刹那を楽しむようになり、ローマ帝国は滅び去りました。そのようにマックス・ウェーバーは言っています。

ここで言いたいことは、「民を粗末にすれば、国は潰れる」という田中正造の言葉は、歴史の鉄則だということです。

(2) 農業と工業の違いは煙突があるかないかだけだ

このように農業・農民をそまつにする考えはどこから来たのか。今から見ると「農業基本法」は二つの点で、大きな転換点になったと思います。農業基本法の建前は農民の所得と都市の工業労働の所得の均衡を図るということですが、「所得均衡」を「お金の換算」にすりかえています。このお金換算の風潮は高度経済成長によって助長されていきます。当時私は北海道開発公庫の調査課にいて、新聞を読む仕事をしていましたが、その中で朝日新聞の笠信太郎は高度成長が終わって見れば、酔いがさめて、「花見酒経済」に終わるだろうと言っていたのを覚えています。私もそう思っていたから、笠信太郎の話を覚えているのでしょう。

転換点の二つ目は一つ目と関係しますが、「農業」も「工業」と同じ「原理」で扱われるべきだという考え方です。同じと言うことは、農業も「産業」として扱うべきだということです。これによって農業と工業の違いはないことにされました。農業と工業の違いはわかりやすくいえば、「煙突」があるかないかだけだというのです。このことは農業は「生活の場」でなくて、「生産の場」だという思想が勝ったことを意味します。あるいは生産性重視の農業基本法という法律・制度が、愚直に農業守りを唱えた食糧管理法という法律・制度に勝ったことを意味します。この「煙突論」（日中経済協会報一九七四年三月号所収「日中における農業と国民経済」）をとなえたのは、既述のように農業経済学の分野で後にも先にもただ一人文化勲章をもらった東畑精一です。彼は農業の工業化を推進しようとしたイデオローグと言っていいでしょう。かれが「煙突論」を唱えたのは一九六〇年代のアメリカ農業が、規模拡大に驀進しているのを見たからといわれています。

もちろん、農政の背景に、大きくはアメリカ側の日本を市場に組み込もうという戦略があり、さらに日本経済を牛耳って行こうという財界の思惑が横たわっています。

この「農業」の「産業化」への転換によって、日本人の大多数の人が持っていた、農地は先祖からの借り物だという「農地観」を崩していこうとします。こうして、戦後の自民党農政は「工業に奉仕する農政」（亡国農政）、あるいは農業潰しの歴史と言ってよく、そのことは順次述べていきますが、その前に、農政を支える日本人の風潮の変化について述べてみます。

(3) 政治の季節から経済の季節へ

私は農業基本法の施行される前年の一九六〇年に大学に入学しました。この年は安保闘争に揺れた年でもありました。入学当初学園は静かでしたが、五月頃桜の花が散って、学校当局のオリエンテーション（入学案内）が終わった頃から校門にピケが張られるようになりました。初めはたいしたことはなかったのですが、だんだんピケは二列三列と厚くなり、しまいには授業ができなくなりました。

運動の盛り上がりと共に教養部（一～二年）の臨時全学集会が体育館で行われ、ストが決まりました。ただ上からの押し付けは良くないということで、各学級に持ち帰って討論することになりました。ところが高校と違ってホームルームのようなものはなく、毎日顔を合わせているわけではないので、地元出身者が議長をやれということになりました。ところが議長に選ばれた人は、髪に油を塗りつけたダンディなスマートボーイでおよそ学生運動に似つかわしくない人でした。彼は安保闘争の中身を知らないらしく、「というわけでストが決まりました。どうしますか」と呼びかけると、「体育館で決めたのだから、それに従おうや」ということで、ストが決定。そのまま街頭に繰り出しました。

この結果、私の教室は青空教室になりました。時々、街宣車に乗った社会党と共産党の国会議員が演説しました。その演説の中で今でも記憶しているのは、この安保条約が通れば、来年は農業基本法が通る、そうなれば日本の農業は潰れることになるだろうということでした。この演説を聞いた時、学生だったので農業の事はわかりませんでしたが、しかし日本から農業がなくなるのは淋しいなと思ったことを憶えています。結局、安保条約と農業基本法はセットだったのです。

その安保闘争ですが、運動が盛り上がってきた六月十八日、東大生樺美智子が国会正門で扉に押しつけられ圧死する事件がありました。この事件に抗議して闘いはさらに盛りあがりましたが、徐々に運動は下火となり、私は運動はこれからだと思っていたので、このありさまにがっかりしたことを覚えています。だが、この下火を見て日本人の一端を見た気がしました。

ところが、安保闘争の終了と共に街には「三分間でラーメンを食べましょう」とか、「デモは終わった、さあ就職だ」といった宣伝文句が流れてきて、世の中の空気がガラッと変わりました。政治の季節から経済の季節に変わったのです。それと同時に人々も高度成長により企業人間に改造され、「国権」（企業大国）と「民権」（民生）の境目が分からないような社会に暮らすようになっています。

＊農業基本法の隠し技

安保条約と農産物の強制輸入が抱き合わせなのは、農業基本法に現れています。農業基本法の目玉は選択的拡大ですが、これは畜産、果樹、米などの儲かるものをやり、小麦、大豆はやめなさいということです。私が農民になって後でわかった事は、この年一九六〇年、ＥＵではＥＵの結合の役であるＣＡＰ（共通農業政策）がスタートする年でした。ところがアメリカはそのＥＵに向かって大豆、小麦を押し売りしようとしたため、ＥＵはそれを拒否したのです。

それではということで、矛先を日本に向け、そのために日本は大豆、小麦を放棄させられたのです。これを選択的拡大と言っていたのです。アメリカの大豆、小麦の押し売りを選択的拡大と言っているに過ぎないのです。今でもそうですが、押し売りされるのは安保条約で日本を守ってやるからという安保抱き合わせがあるのです。

こうして今や小麦は六百二十万トンも輸入しています。米の年間生産量が七百五十万トンですから、いかに莫大な量の小麦を輸入しているかと言いたくなります。その外にアメリカによって年間七十七万トンのミニマム・アクセス米を輸入させられ、減反の面積が毎年増えながら、続くのは当たり前のように思われています。もちろん農民にとっては、やりきれないことです。

(4) 亡国農政の歴史

皆さんは「猫の目農政」と言う言葉を聞いたことがあるでしょうか。「猫の目農政」とは一般にくるくる変わる農政と理解されています。それで間違いないのですが、ことの半分しか言い当てていません。正確には前述のように農業潰しの農政が、こっちで壁にぶつかると舵を別な方向に取り、また新たな壁にぶつかって、農政の舵を変えてみるということをさしています。戦後の農政は次のように展開したと思います。

傾斜生産方式――作物さらい、人さらい、ムラさらい

戦後の農政の流れを大雑把に眺めると、昭和二〇年代の傾斜生産方式による農業へのしわよせ、昭和三〇年代から五〇年代までの、作物と人さらい、そして現在のムラさらいということになります。

傾斜生産方式と言うのは、戦後復興のため重点産業を育成するということで、重点産業とされた鉄鋼、石炭、電力産業を育成することにありました。そこまではよかったのです。しかし、これらの産業の利潤を得る程度まで労賃を据え置こうとしたのです。そうするために、昭和二二年七月新物価体系を決めましたが、物価は戦前の六十五倍、賃金二十七倍とすることにしたのです。賃金を下げるには毎日食べる米の値段を下げようということで、米価は戦前の一・六四倍まで高まったのに〇・七六倍まで押し戻されました。ここから「低米価、低労賃」路線が取られることになったのです（近藤康男『高度成長と農業問題』）。

そこで作物さらい、ムラさらいですが、次の小農複合経営体の解体に関係があります。その前に食糧管理法について。

＊食糧管理法について

日本では食糧管理法が米の保護政策でした。ロシア革命の翌年の一九一八年米騒動が起きました。富山県魚津で米倉庫に米運びをしていた女の人が、私のところには米がないのにここにはなぜこんな

にあるのかと、気がつきました。当時、兵隊の食糧は米と味噌でした。業者の買い占めで米が暴騰したのです。富山の新聞記者がそれを記事にしたところ、全国に飛び火して百万人の騒動になったと言われます。当時日本の人口は五千万人位だから、今でいえば二百万人の騒動が起きたことになります。この騒動に対処して政府は一九二一年米穀法、一九三三年米穀統制法を作りましたがどれもうまくいきませんでした。

その時、食糧管理法の芽ができました。一九四一年に戦時経済による計画経済に入ったので、それとドッキングしながら食糧管理法ができ、やっと米流通は安定します。この保護体系を私は一九三〇年体制と言っています。それが五十年かかって潰れて、今日の米自由化に持って行かれました。米も今では「食糧」でなく「商品」にされてしまったのです。それが今の時代です。次の項で述べる政府の亡国農政がそうさせているのです。

小農複合経営の解体（大規模化）

小農複合経営農業の解体を目論んだのは財界です。なぜ財界は小農複合農業経営の解体を目論んだのか。それは農業を大規模化するためです。小農複合農業は自給自足の農業ですから、肥料も牛糞、人糞を使い、馬耕ですから機械も必要ありません。そうやって労働力も自家で賄うので、お金も使いません。そこでこれを、お金を使う農業の仕組みに変えていかなければなりません。その仕組みに合ったのが大規模化です。

企業にとっては、第一には「投資の場」、つまり「工場」が必要です。次にその工場を運営するには、労働力が必要になります。そうして作ったものを次には売る場所、つまり「市場」が必要になります。このかなめのところに位置しているのが、「大規模化」なのです。大規模化することによって、機械化、単作化、規模拡大を農民に勧める事ができるからです。

大規模化は財界にとって一石二鳥なのです。現金を稼いだ農民はもはや小面積でないので化学肥料を購入することになるし、同じように機械を購入することになります。おまけに、農民の購買力は高まっているので、テレビのような電化製品を買うようになります。従って、小農複合経営解体と大規模化はセットになっていると言っていいと思います。農業基本法は大規模化、単作化を勧める法律・制度であり、その優等生のモデルが大潟村だったのです。

私は農業を決意しあちこち農場を見て歩きましたが、もはや水田を中心に牛もいて、畑もあってという小農複合経営（水田酪農）は姿を消し、私は行く先を失ってしまいました。ところが、大潟村では入植者の募集を行っていました。行き先を失った私は誘われるように、大潟村に入植してきたのです。初めは大潟村には否定的であったのに、その大潟村に入植してきた自分は皮肉な存在だなと思っています。だが大潟村の歴史は一口に言うと、後で話す「潟ボケ」から「リストラ」へと言うことができます。

戦後日本の農業と工業の相関図

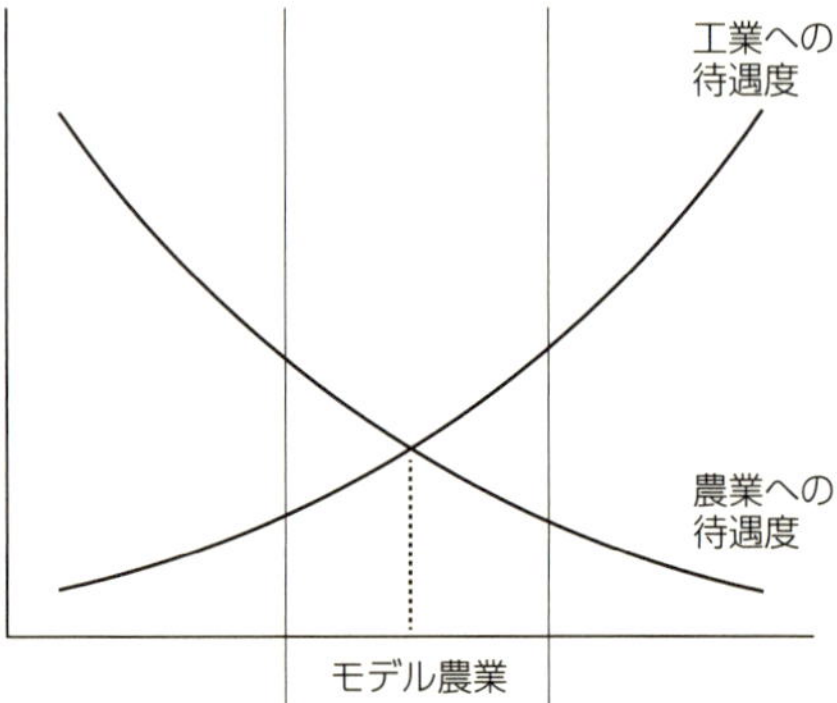

農政の流れ	食糧問題	農業基本法	国際分業論（減反政策）
大潟村の営農設定	二・三男対策（食糧増産）	一見してユーピア農政	田畑複合経営（農業縮小論）
一戸当たり配分面積	2.5ha	10ha	15ha
入植戸数（予定）	4,700戸	910戸	589戸（当初） 500戸（現在）

——拙著『青刈り日記』15頁から

日本農政の縮図としての大潟村

「戦後日本の農業と工業の相関図」という図表を見てください。私は農業と工業は調和ある発展が必要だと思って入植しました。それが全く違うのです。先程から述べているように、農業は工業の犠牲にされて来たのです。それで私の印象として、工業への待遇度は右肩上がりに良く、逆に農業への待遇度は右肩下がりに悪いのです。「相関図」はそれを図にしたものです。そういう時に、たまたま大潟村が作られました。ところが、一戸当たりの配分面積はくるくる変わります。

その理由は、一つには当時八郎潟はまだ陸地化しておらず図面上の配分段階だったこと。二つは待遇度の違いとは農工間格差のことで、まだ陸地化は完成しておらず、図表上の配分段階なので、図面で待遇度のでこぼこを是正しようとしたこ

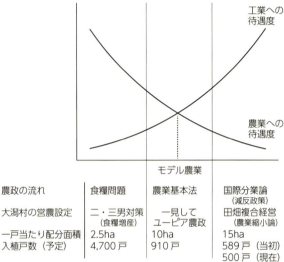

と。三つ目に大潟村は農水省の作った人工村として農政に直結しており、せっかく作る新しい村に過剰人口を入れたり、出稼ぎの村にしたのでは、夢のある農村が作れない、——どうせ作るならでっかいことをやりたいということからであります。それが一戸当たり十ヘクタール配分となって表れたのです。

逆に言うと配分面積の変化は、工業の生産性向上に合わせるのに米価を以ってしようとせず、面積でつじつま合わせしようとしたことを示しています。そしてこの「間に合わせ農政」（安上がり農政）はその後大潟村にごたごたを起こします。開田抑制で入植事業がストップし、飛行場にしたらとか、畜産基地にしたらとか計画が宙に舞いました。そこで農水省はもてあました農地を増反配分し、一戸十五ヘクタールになりました。計画が宙に舞ったことの中に、農政が如何に農民から乖離しているかを示しています。

いずれにしても私は比較的恵まれた十ヘクタール農業の時期に入植してきたので、政府の言う通りにやっていれば食っていけるので、田んぼと家を往復するだけの安穏な生活でした。あまり安穏過ぎてボケてしまわないか。それで大潟村の「潟」をとって「潟ボケ」と自嘲しました。だが農業縮小論、国際分業論の中で、その潟ボケは五年しか続かず、その次は青刈り騒動になっていきます。そしてこの五十年の間に当初五百八十九戸いた農家も四百八十九戸と、百戸も離農しています。

京都大学の名誉教授の飯沼二郎先生が拙宅に来た時、「なぜ牛を飼わないのか、牛のいない農業は本当の農業でない」と言われましたが、アメリカのまねをして作られた大潟村は、農住分離の構造になっていて単作しかできない農村構造になっていたのです。

企業大国・生活小国

財界に奉仕する農政の結果、トヨタの売り上げは全世界で二十九兆円（二〇一七年）、国内はその内十兆円、一方、日本の全農家の売り上げは十一兆円近くあったのに、離農と農産物価格の下落によって八兆円になりました。おまけに機械の値段は毎年四%ぐらいずつ上がるので機械化貧乏に苦しめられています。学生の頃機械は数社による寡占価格になり、グラフに書くと右上がりの線になり、一方農産物は農民が多いことによるに競争の激しさや政策によって右下がりの線となる。二つの線を合わせて一枚の紙に書くと鋏状になるので、これを鋏状価格あるいはシェーレというのだということを習いました。

その時は他人のことだと思って聞いていましたが、今や自分の身に降りかかってきて愕然としています。民族学者の柳田国男は始め農政学者でした。彼は農工間のあまりの格差に「国の病」と称しました。今もこの「国の病」は治っていません。むしろ政府は農民の「棄民政策」をとっているように見えます。

南仏に在住の小農民連盟所属の運動家ジョゼ・ボベはマクドナルドが世界の流通を我がもの顔に独占しているのは許せないということで、新しく建てられ始めた店を壊しました。本人は解体しただけと言っているが、手錠をかけられました。同じ頃大潟村で農地を取りあげられたO氏の田んぼの用水路には水が入らないように、施錠してありました。まるで罪人扱いです。一方のジョゼ・ボベは施錠された両の手を高々あげて、その周りに人々が群がっている写真が世界に配信されました。その姿はまるで英雄扱いでした。「罪人と英雄」この彼我の差に日本人とフランス人の民族の違いをいたく感じざるを得ませんでした。そのジョゼ・ボベがその後日本に来て、東京で講演をして、次のようなことを言いました。短いフレーズですが、その言い方はズバリそのもので、歯に衣を着せないもので、言い得て妙です。曰く、

「日本の農民は見捨てられている」
「日本の農民は二級国民だ」
「日本の農民は未来を語ることが封じられている」
「日本の農産物はコスト以下で売られている」
「国境の存在を無視され、必要もないのに輸入させられている」

私はジョゼ・ボベの話を聞いて生活小国民を招いた責任は国民の側にもあると感じました。その一つは、食管制度を守る運動が経済闘争だったのか、政治闘争だったのか総括してみる必要があるのではないか。二つ目は、戦後農地改革で農地を貰うと、昭和二四年を境に、農民組合事務所に農民は足を運ばず閑古鳥が鳴いたという。これでは運動が物盗り的で、一定のところで立ちすくんでしまうのは当然と思います。いつも見ている大潟村の青刈り闘争が、ヤミ米騒動に変質したのは、運動が経済

闘争に変質したからで、それは物盗りの気持ちを生活のどこかに横たえていたからでした。

三奪作戦

このように農民切り捨てを行うため、自民党政府は三奪作戦を行ってきました。三奪作戦とは、作物を奪い、人を奪い、土地を奪い、ムラをさらう（飯沼二郎著作集第3巻「三里塚と八郎潟」）ことです。つまり「地上げ屋農政」のことです。土地を奪うというのは農地を更地にしてしまうことです。作物を奪われた結果自給率は三八％、人やムラを奪われた結果、離農が進み耕作放棄地四十万ヘクタール、人やムラを奪いつくされた結果新規学卒就農者二千百人と農村はガラクタにされてきました。象徴的にいえば「トヨタ栄えて農業滅ぶ」と言っていいと思います。

＊トヨタ栄えて農業滅ぶ

なぜこんなに低米価、低賃金なのか？　先に物価改訂で、賃金は二十七倍に抑えられたと言いましたが、賃金を安く抑えるためには米の値段を下げなければなりません。昔から日本の農村は低賃金のプールです。高度成長を支えたのも、農村の低賃金のプールです。

ところで、明治時代の農学者についてです。明治時代に駒場農学校ができると、しばらくの間「老農」と称される日本農業に精通した篤農家が教えてくれました。しかし、その後イギリスから呼んだ学者が教えることになりました。ところが、イギリス人は日本の農業は知らず役に立ちませんでした。

明治の大学者横井時敬《ときたか》という人は農学校の第二回の卒業生ですが、ヨーロッパ農業と日本農業をどうつなげたらいいか悪戦苦闘した揚句「農学栄えて農業滅ぶ」と言ったわけです。

私はそれを真似して「トヨタ栄えて、農業滅ぶ」といっています。トヨタの世界中の売り上げは二十九兆円あって、その内国内の売り上げが十兆円で、日本農民の売り上げが十兆円と言われています。これはあきらかに歪んでいます。

一九三〇年体制の解体

農村をガラクタにするための仕掛けはその外にもあります。食糧管理法の解体です。食糧管理法の三本柱

▼お宮と貫一の関係図

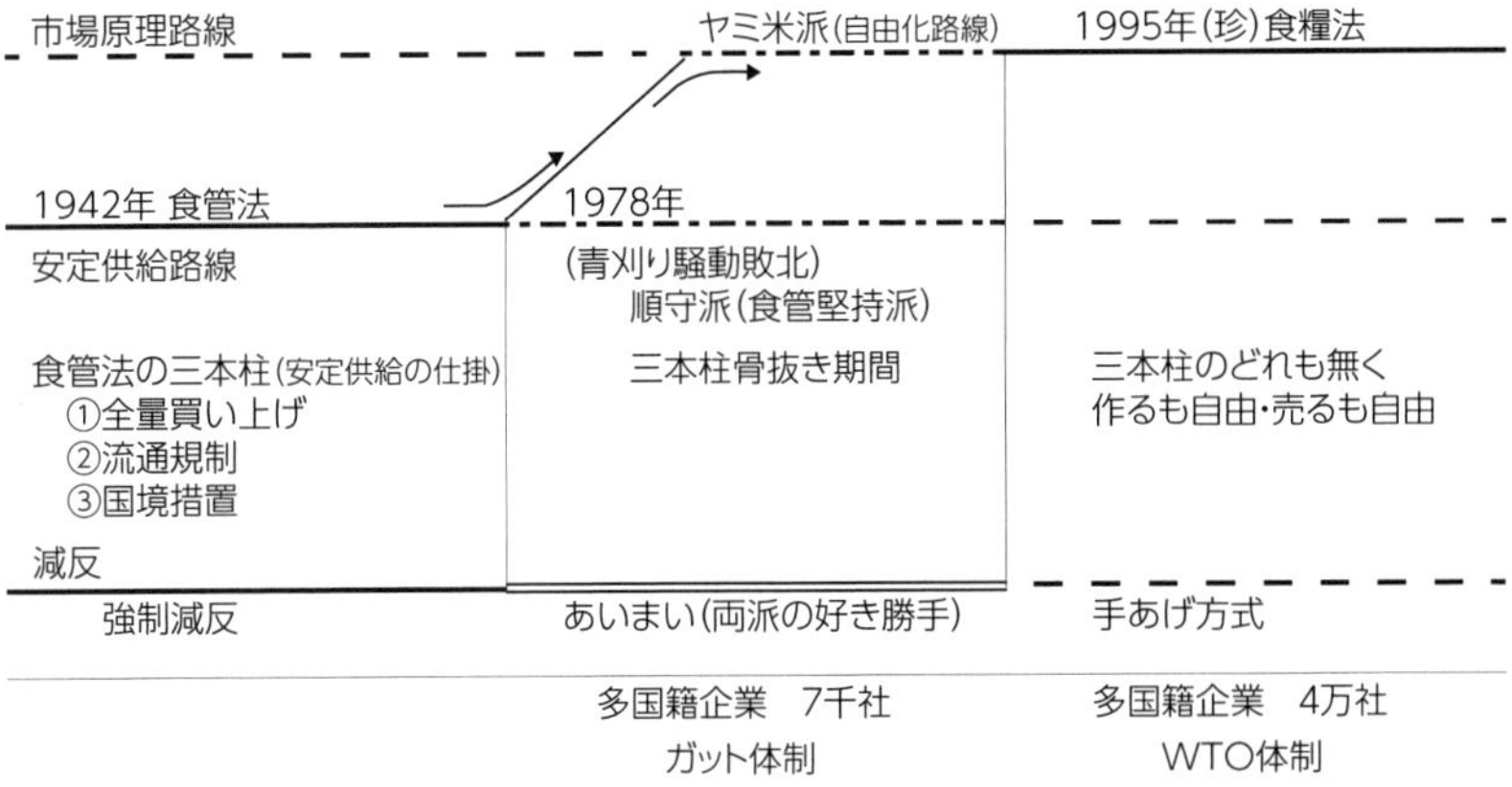

▼ガットとWTOの違い

	ガット	WTO
貿易のシステム	契約	条約
貿易の目的	各国国民の利益のため	多国籍企業のため
貿易支配の方式		司法機関による密室支配
食品の安全基準	各国の自由裁量	コーデックス委員会の基準
11条2項(C)輸入制限	食管法によって実現	新食糧法後は認めない
貿易の性格	自由貿易	管理貿易(押し売り貿易)

は、「お宮と貫一の関係図」（前頁）にあるように、①政府による全量買い上げ、②流通規制、③国境措置の三つです。大潟村の青刈り騒動（一九七五年から七八年）は、米の全量買い上げをめぐっての闘いでした。農民は今まで通り全量買い上げしてくれと要求したのに対して、政府はその要求を拒否しました。そこで農民は強引に稲を植えたのですが、政府によって青刈りさせられます。これが青刈り騒動です。食糧管理法は農業守りの大本山に当たる法律・制度です。この青刈り騒動は一九三〇年体制の一角にほころびが生じたことを示しました。「お宮と貫一の関係図」はこのことを分かりやすく説明するために作ったものです。

＊米価暴落で食糧管理法時代の半値

経済同友会はいつも乱暴なことを言うところですが、十年ぐらい前に日本農業は耕作面積百万ヘクタール、生産目標六百万トンでいいと言いました。今、その数字にどんどん近づいているなぁと感じています。

一方、米価は一九九五年の食糧法施行後、一俵あたり一万二百円前後で推移しています。食糧管理法が健在であった時は、二万円ちょっとだったので、半分近くに下がったことになります。ところが米の生産費は一万七千円なので五千円のプレミアムをつけながら、消費者に売っていることになります。不作になっても米価はあがりません。一つはミニマム・アクセス米が過剰圧力になっているからです。二つには政府には米価の価格調整をする気がないからです。

一九九五年頃の米自由化の時、農民は負けて、米価がじわじわと下がりました。食糧攻めにあっているようなものです。だから日本の農民は元気がない。

世界的にみると、一九二九年に大恐慌が起こり、アメリカ経済は瀕死の状態になります。ロシアには赤色政権ができ、アメリカの農村部では社会主義を目指す人々と資本主義を守ろうとする人々の間に銃撃戦が起こったほどでした。そこで瀕死の経済を立て直すため、農民の購買力を高めようと、一九三三年にパリティ立法が作られます。パリティ立法と言うのは農工間の生産者価格を均衡させることです。そこで農産物価格をあげるため、一九二〇年代の能率の悪い馬耕時代の価格にスライドして農産物価格を決めようとするものです。カナダでも小麦ボードという委員会が作られ、小麦価格があげられました。このように一九三〇年代に入って、食糧管理法に見られるように農産物価格は高めに設定され、これを一九三〇年体制と言っている人もいます。

ところが、一九五〇年代に入ってアメリカ経済が徐々に回復して来ると、パリティ立法は潰されていきます。日本でも流通規制とは名ばかりで、「経済政策年表」にあるように自主流通米制度が作られ、この部分は自主販売せよということで、国の全量買い上げからはずされ流通制度に穴があきます。ミニマム・アクセス米でも国境措置が破れ穴があきます。そして、食糧管理法も「お宮と貫一」の関係図にあるように「作る自由、売る自由」の掛け声とともに、食糧管理法は葬り去られ、食糧管理法のなかった一九一八年に戻されます。

米自由化をしようとする大手流通業者の狙いは何か。大手流通業者の狙いは農協の共同出荷・共同販売を潰し、農民をバラバラにして生き残った勝ち組の農民を大手流通業者につかみとることにあります。これで残念ながら一九三〇年体制は崩壊します。しかも、グローバリゼーションはいいことだと思っているうちに、「お宮と貫一」の表にあるように、ガットとWTOは全く違った内容なのに、WTOによって穀物メジャーのルールが押しつけられます。

農民は三つの顔を持っています。資本家（企業家）、地主、労働者の三つです。面積が大きくなれば資本家の性格を強くして行きます。しかし、私は農業は大地とお天道さまに感謝しながら行う人間の営みだと思っているので、経営の手段だということには反対です。大地は金儲けの道具ではないのです。さきほどの三つの顔に生活者という顔もつけ加えないと、農業は今のように金儲けだと言い出し混乱して来るのだと思います。

(5) 抵抗権の希薄な国民

レジスタンス本場ヨーロッパのデモ風景

「レジスタンス」という言葉を聞くと、結構身構える人が多いのは日本かと思います。ところが、レジスタンスはヨーロッパではあたり前の風景のようです。一九九〇年反ガット運動でブリュッセルに行った時、始め二万人の参加だろうと言われていたのに、いざふたを開けてみると、十万人位の人が集まったようでした。デモコースはブリュッセルの北駅広場からサンカントネール広場までの三ないし四キロメートルの距離です。デモに集合してきた様子を見て感じた事は、日本のようにあらかじめ誰々が行くということを決めず、参加したい人は自分の自由意思で参加している事でした。そのため、デモ参加者は次々と大型バスで駆けつけてきました。そして、北駅広場に集まった人の中には、牛をつれて来た人もいました。参加形態は多様のようでした。

いよいよ出発です。歩きだしてわかったことは、四つ辻では警察が信号機を管理していて、横から車が入れないようにしていることでした。つまり、道路はデモ隊にとって一種の解放区になっていたのです。しかも、道路の四つ辻には廃タイヤが積み重ねられており、そのタイヤからもうもうと煙が立ち上っていました。その煙は四つ辻ごとに立ち登っているので、壮観というか気分を高揚させるというか、ただならぬ光景でした。このデモの激しさはかつて読んだことのある革命前夜のパリコミューンを連想させるに十分でした。

こういう時、日本隊はきちんと行列を守り、行儀がいいようです。その日本隊からシュプレヒコールがあがりました。日本人はシュプレヒコールが得意です。ただし、「米自由化反対」では一般性がないという隊長の判断で、「家族農業を守れ」です。日本の後列にいたフランス隊もシュプレヒコールの真似をしましたが、声がバラバラでさまになりません。そのかわり彼等の歩いたところの木は皆なぎたおされ、人の国に来て凄いことをするものだと感心もし、驚きもしました。この間にも思い思いのシュプレヒコールは続き、世界農民の一斉唱和、「プロテジエデペザンドウファミーユー（家族農業を守れ！）」「レユニセデペイザンドゥモンド（世界の農民団結せよ！）」がありました。

しばらく歩いて行くと、何だか後ろの方で騒がしい音がします。何だろうと戻って見ると、EU本部の玄関めがけてジャガイモを投げていました。どこからジャガイモが出て来るのかと思って見ていると、ポケットにしのばせていたのです。ところが突然催涙ガスが飛んできました。このため列は乱れました。それを投げていたのです。目がちかちかと痛かったです。今迄元気にジャガイモを投げていた隣の年配の人も、目をしょぼしょぼさせ、同類相哀れむというふうに二人で顔を合わせてにっこりしました。とうより、バツ悪そうにお前もやられたのかと慰め合いの表情をしていたのです。私は日本で催涙ガスをかけられたことがなく、とんだおみやげをもらったと思いました。

デモは夕方五時前に終り帰路に着いたら、さっき我々とやりあった機動隊とすれ違いました。そこで手を振ったら、彼等も手を振り返してくれました。彼らが手を振り返してくれたのは、彼等もスト権を持っていて、労働者に親しい感じを持っているせいでないか、とのことでした。あるいはもっと別な理由があるのかもしれませんが、そういえば一般市民も道路の脇に立って、我々のデモ行進をにこにこ見ていました。ある人など仕事の手を休めて、ビルの屋上で激励のラッパを吹いている人もいました。

日本に帰ってから、デモをする機会がありましたが、沿道の人は知らぬふり、警察も信号をずたずたに切るので、デモ隊はヤギの糞のようにポロポロと分かれて歩いている状態で、デモ隊の存在はあるかないかの薄いものでした。この時日本の警察におかみ意識を感じました。

このような国民ですから、先程の食糧管理法はレジスタンスの結果生まれたのに、その日本人の宝である食糧管理法はあっさり潰されました。政府によって食糧管理法の三本柱が埋められたり、自主流通米制度が作られたりして外堀が埋められ、全中（全国農業協同組合中央会）も食糧管理法はなくなっても仕方がないという姿勢をとりました。何より食糧管理法潰しに、大きな力を発揮したのは大潟村のヤミ米派でした。「お宮と貫一」の図表にあるようにヤミ米派を足場にして多くのマスコミ、大物ジャーナリストが食糧管理法を守っている我々秋田の農民を攻撃しました。そこで我々は、「コメ・農業潰しに黙っていられない秋田県委員会」という長ったらしい名前の組織を作ってヤミ米派と闘いましたが、時代の流れに負け穀物メジャーの起した自由化の流れに飲みつくされてしまいました。この時、ヤミ米派の農民に聞きました。

「なぜ穀物メジャーの手助けをするのか。食糧管理法がなくなったら農民は荒野に裸で立たされることになるのではないか」

「それは知っている。俺らは自民党の別働隊・ピエロ役をやっているのさ」

これには開いた口がふさがりませんでした。彼らは目の前にぶらさがった人参に飛びついたのです。どうせ食糧管理法を潰すなら、全中としても最低支持価格を要求すべきだったと思います。これではまさにジョゼ・ボベの言うように国家は逆流してきて、農民に襲いかかり農民には国家はないも同然です。

日本でレジスタンスを捜すと田中正造の怒り、秩父コンミューンといったところでしょう。市東さんの闘っている三里塚も秩父コンミューンの伏流水を生きるレジスタンスだと思います。なぜ農民、否日本人は軟弱なのか。軟弱なのは、穏やかで優しい人間関係を作ろうとすることからきているようでした。それは樋口清之著『日本人はなぜ水に流したがるのか』によれば、この優しい人間関係は「水に流したがる日本人の生活心情」からきており、この心情は今のように国際化の時代、改めなければならないという。ここでは政治の現れとして、明治維新まで遡って考えてみようと思います。

明治維新とは何だったのか

明治維新は、革命と言わず、維新と言い廻されています。なぜ明治革命と言わないのか。お上が「御一新」した、と思っているからでしょう。しかし、明治維新の原動力となったのは、あまたの百姓一揆を起こした農民でした。ところが、歴史を推進したのは下級武士であって、その推進の枠の中に農民は入りませんでした。西郷隆盛は農民に向かって年貢を負けるから俺についてこいと言い、農民はついて行きましたが、地租改正で逆に農民は苦しむことになります。土地の租税を払うお金がなかったからです。

私は歴史学者でないので飯沼二郎説を借ります。そこで革命が市民革命であったかどうかを見るには、二つのファクターで見て行くことが必要のようです。

一つ目は、封建社会から資本主義社会に移行したか。

二つ目は、国家形態はどうだったかということです。

一つ目の封建社会から資本主義社会に移行したかどうかということでは、明治維新は農地を含めて私有財産制になったので、資本主義に移行したと言っていいと思います。しかし、国家の自由化は進みませんでした。外圧によって革命が行われたため、中途半端に終わったからです。

このため国家形態に封建制が残ったことから、維新後の日本は半封建制だ、いやあれは革命だったという議論が起ることになりました。前者は講座派といわれ、後者は労農派といわれました。しかし、この両派の争いは体制変革を起こすにあたって、当面の現状をどう見るかということで争った側面があります。両派の争いも高度成長と共に雲散霧消したと言われています。

市民革命を見事に成し遂げたのは、フランスです。フランス革命の主役はブルジョア（資本家）です。ここに苛斂誅求にあって怒りを増幅させた農民が合流しました。ちょうど天明・天保の頃でフランスも食糧不足にあいましたが、これを農民にしわよせしたのです。マリー・アントワネットはベルサイユ宮殿に集まった農民に向かって、パンがないならケーキでも食べよ、と言ったところ大騒ぎになりました。私もマリー・アントワネットの演説したベルサイユ宮殿のバルコニーを見に行ったことがありますが、ここが歴史の一頁の始まりだったかと思うと、興味の尽きないものがありました。

一方、ルイ十六世は機械好きの隣のオヤジさんという感じの人で、政治に不向きの人でした。機械好きを見込まれてギロチンの刃が、首の形の山型なので切れ味悪くルイ十六世に相談に行きました。彼は刃を三角にすればいいとアドバイスしました。そこでこの刃を採用したところ切れ味抜群で、刑場執行人の悩みは解決されました。ところが彼がアドバイスしたギロチンでマリー・アントワネットともども首をとられたのですから皮肉です。

ところでルイ十六世は何も悪いことはしていません。先に述べたように、善良な人だったのです。それ故殺害される理由はありませんでした。しかし、封建制度のもとでは王様を含めた特権階級（貴族・聖職者）は、経済と政治を独占していました。市民革命を成し遂げるには、特権階級の独占権をはぎ取らなければなりません。そこで、市民革命を成し遂げる儀式として、特権階級の象徴的人物である絶対王政の王であるルイ十六世を革命の犠牲にしたのでしょう。

日本の明治維新は「反独占運動」として起こったのではありませんでした。ヨーロッパの革命は「反独占運動」として起きたので、農業保護政策もきめ細かく行い、助成金のガイドブックまでありました。農業を大切にしているのは「営業参入の自由」を大切にする、あるいは「営業参入妨害」を嫌う「反独占」の歴史的伝統があるからなのでしょう。食糧管理法はそれを意識するとしないとにかかわらず、「反独占」のたまものなのです（岡田与好『独占と営業の自由』51頁）。その食糧管理法を簡単に潰すのは、ヨーロッパとの「彼我の差」を感じます。

＊なぜ生産調整廃止か

二〇一八年から生産調整が廃止になることが決まりました。この生産調整廃止は、農協（系統）潰しが射程に入ったことを感じさせます。なぜなら自由競争を放っておくと市場万能主義に陥ります。そして、市場万能主義を唱えるのは大企業のように力の強い人であります。それなら、弱い人は市場万能主義の前に縮こまっていなければならないのか。そんなことはない。弱者を守るため強者は独禁法が適用されているのです。というのは、放っておくと弱者は強者の横暴に、食い物にされてしまうからです。強者の行き過ぎを避けようとして、強者には独禁法が適用されます。逆に弱者の農協は独占禁止法の適用除外にされているのであります。

このように、独禁法は弱者を守り、資本主義の横暴に足かせをかけ、公正な経済競争を保障するために存在しています。ところが、財界にとって生産調整は何するものぞというのが、心の中にある気持であります。目の上のたんこぶが生産調整であり、何するものぞの現れが生産調整廃止なのです。生産調整は米の暴騰、暴落を防ぐためのカルテルのようなものだが、それはけしからんと言っているのです。

実は生産調整の制度が存在していたのは、食糧管理法のもと計画生産が必要であったからであります。ところが、食糧管理法と選択的拡大を唱えた農業基本法とは、隠れた競争関係にありました。そして食糧管理法が破れます。食糧管理法が破れた背景には、食料の安定的供給に責任を持たないという政府の無責任体制が横たわっているのです。また、生産調整をやれば転作奨励金などの予算措置が必要になる。そこで農民に余計な予算を使いたくないという財界の思惑もあります。

それ故、今残っている生産調整はかつての食糧管理法時代の残滓なのです。残滓業務を支えたのは農協（系統）でありました。だが、ＷＴＯ承認をきっかけに外米（ミニマム・アクセス米）を輸入したまま生産調整の押しつけで、米価は下落し続け、これでは政府自ら生産調整の基盤を潰しているようなもので、何のため生産調整を実施しているのかわからなくなりました。そこで農協は生産調整保持のための協力体制が取れなくなったのです。財界はそこを見ぬいていたのです。

しかし、生産調整廃止は「営業の自由」の本来のあり方を問い直すことになります。なぜなら、生産調整を廃止すれば、農業保護が見捨てられ、独禁法が棚上げにされ、公正な競争が阻止されるからであります。そして、私は食糧管理法のなかった一九一八年の米騒動を思い出し、懸念しています。

明治革命の芽はあった

秩父コンミューンは明治一七年のことですが、彼等は明治政府が大商人を育成して、産業資本家にしたのと違っていました。彼等はコツコツと生糸産業の家内工場（マニュファクチャー化）をやっていました。つまり彼等は小資本家であったのです。生糸を売るため英字新聞を読み、アメリカの市況を調べ、横浜まで行って市況を肌で感じる努力をしたといいます。ところが、松方デフレで、秩父の生糸産業は潰されてしまいます。これに怒って、秩父の人は田代栄助を総裁にして、コンミューン党を作り、革命本部を秩父（当時大宮郷）に置き、お触れを出しました。そして政府に向かって政治要求を掲げました。『秩父事件』の著者・井上幸治は「最後にして最高の百姓一揆の形態だ」と評価しています。

秩父コンミューンは三日天下で終わりましたが、一万人も参加したという秩父コンミューンの革命性は、日本の百姓一揆の中で燦然と輝くものになっていると思います。

秩父コンミューンの田代栄助は刑場の露と消えるにあたって、次のような辞世を残しました。敗北感と無念の気持ちが伝わってきます。

振り返り見れば、作日の陰もなし
行く先暗し、死出の山道

(6) 如何にして農業再生は可能か

農業の位置づけをはっきりさせること

農業には米という物作りだけでなく、食料政策、地域政策があります。明治このかた米という物作りに目を向け、その他の事はないがしろにされてきました。その結果、自給率が下がり、中山間地からどんどん人が降りてきて、限界集落という言葉さえ生みだされるに至りました。食料政策では自給率目標を立て、地域政策では定住政策を立てる事が必要です。

自由民権の復権

革命の話に戻りますが、革命に際して本来は国家と結びついた商人は排除されるのが通常の姿でありました。ところが、「追いつき追い越す」ことに急務であった日本では、殖産興業政策のもと、明治政府は逆に商人を保護し産業資本家として育てて行ったのです。これが政商と言われるもので、このにわか大企業のもとで多くの貧しい農民は、低賃金のプール源とみなされ、とっかえひっかえこき使われ、『女工哀史』や『あゝ野麦峠』のように企業の人柱にされたのです。そこでこれではいかんとうことで、自由民権運動が起こります。自由民権運動で人々は「民権」に目覚めて行きます。

そういう意味で明治維新後の歴史を「国権」と「民権」の対抗関係としてもとらえられます。しかし、国権（反革命勢力）の方が上回っていました。自由民権運動に対抗して、「軍人勅諭」（明治一五年）、「教育勅語」（同二三年）、「明治憲法」（同二二年）が次々と発布され、近代天皇制が整えられていきます。

近代天皇制と言っても、祭政一致型のもので、そのイデオロギーの源は「神武天皇像」を天皇制に重ねあわせることでした。祭政一致型の天皇制のもとでは、主権は天皇にあるとされ、人権は抑圧されていきます。つまり、明治近代化は「人権」思想を欠落したまま、「物作り」に矮小化され、この「物作り」的近代化は高度成長において花開きました。しかし、その当然の結果として、高度成長の表裏の関係で農業は急速に衰退して行きます。今から考えてみると、高度成長は支配者が国民を支配する装置だったのです。農業復権には、いかにして「民権」の側に立った政治主体を作り出すかにかかっていると思います。残念ながら、今、国民は、小泉、安倍政権にぶらさがって世の中を変えようとするエネルギーは希薄であります。しかし、農業復権は「民権」（民主主義）の回復の中でしか語れないと私は思っています。

不足払い制度（戸別所得補償制度）の復権・拡充を！

戦後農政で、本当に農政に値するのは食糧管理制度と戸別所得補償制度、そして括弧つきですが中山間地直接支払い位なものです。我々は二十年も前から直接支払制度（当時はデ・カップリングといっていた）の創設拡大を要求し運動を行ってきました。戸別所得補償とは農民への直接払いです。なぜこの運動をやってきたのか。一つは当時も今もヨーロッパにできて、なぜ日本にできないのかという不満でした。このデ・カップリングを発展して行くと日本の農政も、ヨーロッパ型に近づくという思いからでした。二つ目は、デ・カップリング導入は農政転換の突破口となり、ひいては日本の政治経済の根本問題にぶつかっていきます。私は、ここに「国権」と「民権」の隠された戦いを見る思でした。

食糧管理法は自民党によって潰されたものの、戸別所得補償制度が民主党政権のもとやっと日の目を見、これで農業にもいくらか曙光が射してきたなと明るい気持ちになったことを憶えています。だが、油断大敵、これも自民党政権のもとで潰されてしまいました。私はこれを見て民主主義が後退したなと思いました。

食糧管理法がなぜ農政に値するのか。食料管理法は限界地での農業が成立するように米価が決められ、隠れデ・カップリングが行われていたからです。それによって、中山間地農業はなんとかなりたっていたのです。逆に小麦・大豆が消滅したのは、輸入すればいいと平場のコストで価格が決められ、平場であっても生産性が上がるたびに価格は下げられ、私もとうに小麦・大豆を止めてしまいました。

コスト至上主義は米作りも単にモノ作りとしか見ない。デ・カップリングは視点をモノ作りから農民の暮らしへと変え、農政はモノからヒトへと変わって行くに違いありません。

安倍政権の一強他弱ををどう見るか。私は民主主義の後退と見ます。もちろん、小選挙区制が一強他弱を誘発していることがあります。しかし安倍は農業の現場を知らない上、規制改革会議のように多国籍企業を足元に置いて、彼らの代弁役をやっている。これは独占企業の肩を持ち、逆に弱小企業や農協の存在を潰そうというやり方です。だがこの状態を許している国民にも責任があるのです。安倍政権は特定秘密法、安保法制だけでなく種子法廃止法案を強引に通したのに国民はそれに異議を唱えなかった。むしろ依然として国民の支持率は高く、どんなことがあっても安倍を支持するだろうという印象を安倍政権に与えています。共謀罪を国会で通した安倍は、この状況を見て、憲法改正に持って行くにちがいありません。

安倍一強になるのは、国民はなにごとも上が決めて来たので、それに慣れ親しんできたからです。これでは、民主主義の中に身をおいたことがないようなものです。しかもアメリカへの「従属」と「甘え」から農産物の市場開放を限りなく行ってきました。一強とはいえ「内弁慶外味噌」です。国民を甘く見、一方アメリカには忖度《そんたく》外交をやる。私は魯迅の「阿Q正伝」を思い出しました。阿Qは自分で自分のことを決められない。いつも上が決めてきたので、それに慣れ親しんできたからである。安倍一強になるのは国民が民主主義を放棄してしまったからではないかと言いたくなります。

最後に、警察の尋問を煙に巻く秩父の新井周三郎の答弁と、宮沢賢治の詩一編を紹介します。前者の問答には農民蜂起の気骨を感じ、賢治からは志向の強さを感じます。
宮沢賢治は自然に寄り添い、上品で不思議なことばかり書いて、あっという間にこの地球からいなくなってしまったので、宇宙から遣わされた人のように感じてしまいます。

新井周三郎（秩父コンミューン甲大隊長）と警察との尋問

問　汝ハ此ノ如キ暴挙ヲナシテ果シテ何事ヲナシ果スル考エナリシヤ
　被告人コノ時一笑シテ謂ワク
答　自分ハ大総督ニデモナル積モリナリシナリ
問　大総督トハ如何
答　日本陸軍ノ大総督ヲ言ウナリ
謂ク　汝ノ境涯ニテ豈ニ能ク我邦ノ大総督トナリ得ル事アランヤ
　被告黙シテ云ワズ
此ニ於イテ尋問終ル

宮沢賢治『三原三部』から

南の海の
南の海の
はげしい熱気とけむりのなかから
ひらかぬまゝにさえざえ芳《かお》り
つひにひらかず水にこぼれる
巨きな花の蕾がある……

＊この一節は大島のチヱのことを象徴しているといわれている

（二〇一一年講演録に加筆）
（二〇一八年七月十日）

TPPに感じる「恐怖」——日本が日本でなくなる日

外交べたの日本

環太平洋連携協定（TPP）に、私は「不安」より「恐怖」を感じている。その理由は二つある。最大の要因は、日本の外交べたである。戦前のことを持ち出して恐縮だが、私は五歳の時、命からがら「満洲」から引き揚げて来たので、なぜ日本は無謀な戦争をしたのかと疑問に思うことがある。戦争を回避する機会はいくらでもあった。しかし、それを潰してきた。

石原莞爾（陸軍軍人で満洲建国の立役者）は盧溝橋事件（一九三七年七月、北京郊外で起きた日中の武力衝突）の後、近衛文麿首相に蔣介石（中華民国政府の実質代表）との談判を進言したが、近衛は「国民政府を相手とせず」の有名な声明を出し、石原の進言を蹴った。

また松岡洋介（近衛内閣の外相）は四〇年九月、日独伊三国同盟を結び、翌四一年四月に日ソ中立条約を結んだが、その二カ月後に独ソ開戦となる。スターリン（ソ連最高指導者）にしてやられたのである。

歯車を戦争に廻したのは、一九二二年のワシントン会議であった。一九一七年石井菊次郎（日本の特命全権大使）とロバートソン・ランシング（合衆国国務長官）協定で満鉄の権益を認めさせたが、その五年後のワシントン会議では、蒋介石とアメリカのタッグにより、満洲国の領有権は中国にありとひっくり返された。これで政治解決は難しくなった。とすれば、満洲の権益を放棄するか、武力に訴えるしかない。政治の無力が軍部の台頭を許し、満洲事変となったのである。このような失敗を繰り返しながら、日本は太平洋戦争に突っ走っていった。

EUの食肉アクセス約束について（概略）

単位：千トン

品目	86－88平均消費量（A）	86－88平均輸入量（B）	2000ミニマムアクセス約束数量（C）	2000カレントアクセス約束数量	割合（%）（B+C／A）
牛肉	7,456	528	20	335	7.3
豚肉	12,510	117	76		1.5
羊肉	1,220	239		319	19.6
鶏肉・七面鳥肉	5,458	94	30		2.3
馬肉	189	139			73.5
その他食肉	741	75			10.1
くず肉	1,947	206			10.6
食肉計	29,521	1,398	126		5.2

（注１）「カレントアクセス約束数量」は「輸入量」に含まれる
（注２）「ミニマムアクセス約束数量」及び「カレントサクセス約束数量」には「その他食肉」「くず肉」を含むものがある

　同じ事は戦後の外交にもあった。私が最も残念に思うのは、ガット（関税と貿易に関する一般協定）とWTO（世界貿易機関）協定への反対運動の失敗である。われわれは「米自由化反対」の竹やり精神しかなかった。運動の戦略がなかったのである。これに対して、EU（欧州連合）は「食肉一括方式」を米国に認めさせた。肉類の輸入量をEU内で消費する量の五％とする内容である。そこで、輸入量の七〇％強を馬肉とすることで、肉類の輸入量を調整し、日本の米に相当する酪農を守ったのである。

日本はすでに小麦や大豆など穀類を大量に輸入している。ＥＵにならって「穀類一括方式」を勝ちとれば、コメは輸入しなくても済むことになる。農水省の幹部は知っていながら、伏せていたのではないか。もしこの情報を我々が知っていたら、運動のやり方は変わっていたであろう。運動が終わって見れば何も残らないどころか、ミニマム・アクセス（最低輸入量）米を押し付けられただけである。これらの交渉の陰には救い難いほどの対米従属意識がある。

この従属意識が、グレープフルーツ、オレンジ、牛肉、米と次々に農産物を輸入してきた理由であった。ＴＰＰはＷＴＯのように、アメリカ主導の下にあった。今トランプのＴＰＰ拒否によりＴＰＰ復帰か二国間交渉か流動的だが、どちらにしても日本はアメリカに反論できるであろうか。ＴＰＰの対象は農産物だけでなく、医療や金融サービスなど二十四分野に及ぶが、大手マスコミの中には「クルマ」「コメ」の二項対立に仕立て、「バスに乗り遅れるな」とあおっている。これは、戦争を煽ったかつてのマスコミと二重写しになる。ＴＰＰあるいは二国間交渉はアメリカの言いなりになる最終局面だと思う。アメリカの押しつけに対して、日本の政治は無力であり、『恐怖』を感じるだけである。

ＷＴＯ体制は米国農政の〝国際版〟

ではこのような、殆ど押しつけに近い「押し売り貿易」を推進しようとするアメリカの戦略はどうなっているのか。簡潔に言うと、「世界の富」を「アメリカ一極集中」的に独り占めするため、世界をグローバリゼーション化しようとしているという事がいえると思う。この「アメリカ一極集中主義」は農産物の「押し売り貿易」を通して深い地下水脈となって我々と矛盾した形で繋がっていることを感じてきた。もちろんこの「一極集中主義」も壁に当たりトランプはアメリカ第一主義を言わざるを得なかった。

アメリカ一極集中は、ソ連崩壊と共に始まった。農業分野の一極集中は世界貿易機関（WTO）を各国に押し付けるものである。押しつけの背後にあるものは、アメリカの「強権」支配である。われわれも反ガット運動を行っている時、一九九三年に一夜にして、ミニマム・アクセス米を「押し売り」するようなWTO体制ができるとは夢にも思っていなかった。

WTO体制はアメリカ、オーストラリアなどの新大陸型農業には、農産物はあり余るほどあるが、逆に欧州連合（EU）、中国を除いたその他の地域にはほとんどないという「二極偏在」を利用して、これをさらに政治的に推し進め、世界を輸出国と輸入国に色分けしようとするものである。そのため本来は農業国であった日本、韓国などの農業を潰し、そこに農産物を「押し売り」しようとしている。

実はWTO体制は注意深く見ると、アメリカ農業の国際版である。現在アメリカ農民の一％が、アメリカ全体の農業所得の六割を占め、残りの小規模家族農業はあえいでいる。日本でも、WTO体制ができてから数年の間に食糧管理法廃止と相まって米価が暴落し、われわれ専業農家は以前に比して毎年五百万円の減収が続き、生活にあえいでいる。

今、世界では各国の農業がつぶれているという報告がある。アメリカも農村を訪問した時、一極支配により貧富の差の拡大が起こり、「見捨てられた人々」を輩出したが、固定払いが支払われ、かろうじて脱落をまぬかれているという話を聞いた。この結果、アメリカ農民の所得の半分は補助金と言われ、固定払いはもはや社会福祉政策の性格を帯びて来た。ところが日本にはそのような施策さえなく、家族農業を潰して株式会社に農業をまかせようとしている。だが「抑圧あるところに解放あり」、世界ではグローバリゼーションへの異議を唱える人は後を絶たない。

行き過ぎた自由貿易信仰

アメリカには沢山の農業補助金制度がある。しかし日本はアメリカ農業の後追いをしているのに、補助金制度だけは学ばなかった。その代わり自由貿易論だけは学んだ。

ＴＰＰに『恐怖』を感じる第二の理由は、いきすぎた自由貿易論である。必要なものを輸出入するのが貿易の目的であろうが、今は貿易そのものが目的化している。つまり、車や家電製品を輸出しやすくするため、見返りとして農産物を輸入している側面がある。その結果が、食料自給率三八％という、先進工業国にはない低さである。貿易至上主義もいいが、外貨を稼げなくなれば、食料を思うように買えなくなる時代のあることも頭に入れておくべきだろう。

安倍政権は「攻めの農業」「農業を成長産業に」などと言うが、掛け声倒れに終わりそうだ。成長産業というのは、一反歩から十俵取れていたものを十五俵にすることではなく、消費が順調なことを言うのであろう。この点、今成長しているのは輸入小麦で加工した小麦製品と肉類位である。パンをかじって朝食の代替えでは、国内農業が成長産業になるわけがない。

ＴＰＰに参加すれば、日本の農家は一戸当たりの面積が百倍のアメリカ、一千倍のオーストラリアと競争することになる。この状況は、負けるとわかっていながら太平洋戦争に突入して行った状況に似ている。いったん壊滅した農業を立て直すことは至難なことである。そうなれば大企業にやらせればいいと言い出すに違いない。結果、さらなる規制緩和が進むであろう。昔は軍部様、今は大企業とアメリカ様というわけだ。

いずれすべての分野の規制をなくすというから、ＴＰＰは日本の文化、様式、思想までブルドーザーでなぎ倒すように破壊し、日本を日本でなくしてしまうに違いない。

最後にヨーロッパの農村は実に美しい。その見事な農村の陰には、たくましい外交力があることを考えておくべきであろう。フランスのドゴール大統領は「食料自給なくして独立なし」と言った。日本の首相でこのような言葉を吐いた人はいただろうか。


（二〇一一年十月八日「秋田魁新聞」一部修正し図表を掲載）

正体を暴露した多国籍企業　――ＴＰＰ交渉の本質は何か

仮面をかぶる多国籍企業

ＴＰＰ交渉は、異例なことに閣僚会議を延期に次ぐ延期の末、二〇一五年十月やっと大筋合意に達した。なぜ延期を重ねたのか。ＴＰＰ会合がゴタゴタしたからである。だがゴタゴタを通して何があったか、注意深くニュースを追って行くと会議の「黒幕は誰か」が透けて見えてくる。その一人はアメリカだ。アメリカは世界の富を独占しようとしていつもの如く「強権」支配を行ったが、今回は度が過ぎた。二人目の黒幕は、多国籍企業だ。彼等は欲望丸出しをやったのだ。しかし顔を出さない。その代弁役はアメリカ政府である。アメリカはそこで交渉の「横車」さえ押そうとした。だから「横車」と「強権」支配は一対の関係にある。

アメリカの交渉の多くは多国籍企業から横滑りした交渉者が政府高官として当たる。例えば古い話で恐縮だが、私が米自由化反対でベルギーのブリュッセルに行った時のＷＴＯ交渉者はヤイター―で、彼はどこかの企業から農務長官に横滑りして交渉者になった。彼は農務長官を辞めると、多国籍企業であるカーギルの重役になった。このように、政府高官と多国籍企業重役の間を行ったり来たりすることを、回転ドア方式と呼んでいる。

この結果政府高官と多国籍企業の間の距離は短く、政府高官は多国籍企業の利益を単刀直入に追求しようとする。今回フロマン通商代表が「高水準の自由貿易協定になるまで交渉を続ける」と言い切ったのは多国籍企業の利益を代弁しようとしたからである。なぜなら、「高水準」という意味は、世界から「非関税障壁」を取り払い、貿易上の国境をなくし、資本（多国籍企業）が自由に世界を歩き回れるようにする事を意味しているからである。これは自由主義の権化を目指すもので、このためアメリカは過去の会議・交渉でも高水準を目指して「横車」を押してきたが、今回の新薬のデータ保護期間をめぐる新興国とアメリカの五年か十二年かの対立は、アメリカの「横車」ぶりを明瞭に示している。結局八年で決着したが、このゴタゴタが大筋合意を遅らせた原因でもあった。今や多国籍企業はアメリカ政府と一体化し、アメリカという仮面をかぶってアメリカを動かし、その結果国家は幻の存在のように影が薄くなってきた。

多国籍企業の野望

多国籍企業──「多国籍」とは国籍不明のことを意味する──がその正体を現したのは、ＩＳＤＳ条項であった。ＩＳＤＳ条項というのは、海外に企業進出して不利益を被った時、その進出先の国を相手に訴訟を起こすことができるという条項である。訴訟条項の明記は多国籍企業の欲望を露わにした事

恐れ入りますが、
切手をお張り下さい。

〒113－0033

東京都文京区本郷
2－3－10
お茶の水ビル内
（株）社会評論社　行

おなまえ　様

（　才）

ご住所

メールアドレス

購入をご希望の本がございましたらお知らせ下さい。
（送料小社負担。請求書同封）

書名

メールでも承ります。　book@shahyo.com

今回お読みになった感想、ご意見お寄せ下さい。

書名

メールでも承ります。 book@shahyo.com

を示している。

今回のＴＰＰ交渉で明らかになってきたことは、誰と誰が対立しているかということである。通常ＴＰＰ交渉は国益と国益のぶつかりあいだと言われるが、その言い方は本質を見間違う。かつて在村地主が都会に住み不在地主化すると、自分の小作人の生活に興味を持たず、小作人から如何に年貢を取りたてるかということに目が向いていった。今の大企業も高度経済成長の頃は国民と共に一緒になって汗をかいたのに、今や儲かるところならどこにでも工場を海外に移転している。これは金儲け主義、つまり金主主義のせいであり、世界の生活者（諸国民）の利益をないがしろにするものである。そこで生活者の不満も嵩じている。このような不満からＴＰＰ大筋合意案が、今後各国議会で承認されるか疑問視されている。

そのことを象徴的に示したのは、アメリカ大統領選を控えて、ＴＰＰ支持を表明した候補者は皆無のことだ。ヒラリー・クリントンさえ「賛成できない」と言っている。これに対して菅官房長官は「大筋合意に基づいて、できるだけ早く必要な手続きを終えて欲しい」と述べクリントンを牽制している。安倍首相も「自由と民主主義」のためにＴＰＰを推進したいと言っているが、ＴＰＰは「金主主義」に基づき多国籍企業に有利なルール作りをしているのであって、これでは安倍政権さえ多国籍企業の代弁者かと言いたくなる。

アメリカからの農産物輸入の歴史は、アメリカの強権に屈して農産物輸入に門戸を開いてきた歴史であった。そのスタートはＭＳＡ協定による仕掛けであった。ＭＳＡ（相互安全保障法）協定が生まれた背景は、第二次大戦で戦場にならなかったアメリカが膨大な余剰農産物を生み出したことにある。この処理のために、時の政権アイゼンハワーの農政は海外市場開拓を目指して有名なPL480(*Public Law*)を創出した。そしてこのPL480とMSA協定を結びつける事を考えついたのである。余剰農産物のおもとである小麦を日本に売りつけるがその代金支払いは円でいい。その代わり、日本は購入代金の円を日銀に積み立てアメリカの軍事基地経費の支払いや日本の軍事産業育成費に当てる。

一方過剰農産物を日本に売り込むため、アメリカは日本人の胃袋を粒食(米)から粉食(小麦)に変える遠大な計画を立てた。それがキッチンカー(栄養指導車)であり、学校給食のパン食である。そのため政府も安い小麦食を国民に勧めた。この政策に呼応して慶応大学医学部の林教授は「米を食べると頭が悪くなる」と言い立て、これがアメリカ産小麦輸入に貢献した。一方マスコミもアメリカの戦略に乗せられ、知らない間にアメリカの「強権」支配に組み込まれて行った。狙ったら如何にして目的を達成するかという外交の底力の強さは、NHK農林水産番組班・高嶋光雪著『アメリカ小麦戦略』にも詳しい。今や日本はアメリカの「強権支配に慣れっこになって、小麦の輸入は七百八十万トン(二〇一四年)なのに米生産は七五〇万トン。マスコミはTPPによって巨大経済圏ができた事は好ましいことだと一斉に報道した。しかし自動車産業の権益を守るために農業が犠牲になったことをマスコミは報道しない。

資本の論理か生活者の論理か

このようにＴＰＰは国益のぶつかりあいではなく、多国籍企業と世界各国民とのぶつかりあいである。

すなわち、ＴＰＰは今や資本の論理（反平和主義、多国籍企業中心主義、金儲け主義、金主主義）と生活者の論理（平和主義、人間中心主義）の対立であることを明確にしたと言える。

（二〇一五年十月十四日）

モンサント社に奉仕する安倍政権　――種子法廃止法案を見て思う

天からの授かり物

種子法は主要農作物（稲、麦、大豆）の良質かつ安価な種子を供給することを国、道府県に義務ずけた法律で一九五二年（昭和二七年）に制定された。その目的は優良種子の供給によって、食料増産を図ることにある。「種子は天からの授かり物」として公的な財産という気持ちが人々にはある。「授かり物」というのは、種子は一民間企業のものでも一農民のものでもなく、広く国民の「命の糧」であるという意味である。

このことは、農業試験場がそれぞれの地域や地形にあった、独自のブランド米を開発していることにも見られる。種子を食の根幹として捉え、試験場に安心してまかせている。また、ここには種子をビジネスの対象にしたくないという気持ちも隠されていた。それは日本人の「農地観」に通底する。いずれ、この種子法によって、生産者は安価・安全な種子を、安定的に供給されてきた。

それなら、なぜ種子法を廃止しようとするのか。そこにはモンサント社等のアメリカ多国籍企業の思惑がある。一九八六年の改正で民間業者が参入を認められた。そして米育種への参入、撤退を繰り返してきた。参入、撤退の繰り返しになったのは、思うように儲からなかったからである。しかし、多国籍企業は次の儲けの舞台として種子に目をつけた。モンサントが種子会社を買収したかと思うと、そのモンサントをバイエルが買収するというように巨大企業が買収劇を見せているが、これは巨大企業が次なる儲けを狙ってのことである。そして、種子法が民間の品種開発意欲を阻害しているとして、廃止の挙に出たのである。そこには、品種開発しても道府県の奨励品種には殆ど指定されなかったという不満があった。

多国籍企業の上位三社が世界種子市場の半分を占有していると言われている。世界の種子市場を牛耳っていると言っていい。多国籍企業は種子市場への参入をビジネスチャンス拡大の機会と捉えている。日本はグローバリゼーションの名のもと金儲け主義のアメリカンスタイルを押し付けられてきた。アメリカンスタイルとは「農業」の「工業」化のことであり、単純化すれば機械文明のことである。アメリカで機械文明が発達したのは、イギリスの産業革命の技術と経験を持った人々がアメリカ北東部に入植したからで、南北戦争で南部に勝利したのもその機械力による。資本主義が発達していたのである。そのアメリカンスタイルの道筋は次の通りである。大規模化→工業化→商品化→コスト主義→遺伝子組み替え食品（ＧＭＯ）。ここで遺伝子組み換え食品の創出は、資本主義の所産と言っていいのだろう。

食べ物は尊厳なもの

今、世界の人々は、遺伝子組み替え食品を文明の所産と思いこんでいるフシがある。しかし、農業は金儲けのため営まれてきたのではなく、生きるために営まれてきた。一九九九年シアトルで反WTOの集会が開かれた時、遺伝子組み替え是非論になった。その時、先住民は粒も不揃いな素朴な種子を見せながら、「食べ物は尊厳なものです」と言った。この言葉の発露に会場のどよめきは消え、一瞬シュンとなって、静まりかえった。会場が厳粛な気持ちに打たれたからであろう。

私の子供の頃トウモロコシの種子は自家採種であった。自家採種はそれなりに合理性があった。気候、風土、それぞれ農家の好みや都合に合わせて、採種するからである。ところが今は、トウモロコシの種子というとF1種のハニーバンタム一種に塗りつぶされてしまった。種子法廃止となれば、例えばモンサントの独占となり、種子市場は一色に塗りつぶされるであろう。そうなればモンサントの肥料でないと育ちにくいとか、バイエル（モンサント）の除草剤でないと効かないという具合に、種子と肥料・農薬がセットで売られるに違いない。バイエル（モンサント）はこれによって川上（種子）から川下（販売）まで把握するが、我々農民は種子の押しつけのもと、不安定な立場に立たされるであろう。遺伝子組み替えやF1種子によって世界の種子が乗っ取られ、その結果、試験場が民間業者に乗っ取られ、かくして食料までモンサント一社によって支配されるということでもある。そうなれば日本全体は心の中心軸を失うことになる。否、衆議院の過半数を有する安倍政権は審議もなしで、ただ規制改革推進会議の意見のみをよりどころにして、種子法案も含め次々法案を閣議決定すると、強行採決して国会を通した。既に心の中心軸を失っていたと言えよう。

（二〇一八年三月八日）

なりゆきまかせの日本人

焼け野原の日本農業

とうとうここまで来てしまったか！　帳簿を付けていて「収入減少積立金」の科目欄にさしかかったとき、「ナルホドな」という気持ちと「畜生」という気持ちが交錯し、ため息が出た。この制度が農民のためになっていない事を、帳簿の数字が示していたからである。「収入減少積立金」は、米価暴落に備えて農民は掛け金（積立金を）を掛けておき、一方政府は米価暴落の時予算を手当てする制度である。しかし、「暴落」という見立てがくせものである。暴落したと言っても暴落した年の数字がそのまま使われるのでなく、過去五年間の平均値の九割以下になった時、その九割が補填されるという、あるかないかのような救済制度なのである。

しかも補填の資金は、政府四分の三、農家四分の一となっている。つまり農民の持ち出しもある。これはタコが自分の足を食っているようなもので始めから魅力のない制度だ。

一方、政府が補填金を出すことから「ナラシ」とか「ゲタ」と言われているが、しかし、米価そのものが毎年少しずつ下がっている時は発動されない。二〇一四年の一俵八千五百円とダントツに下がったような時は適応される。従って、めったに発動されることはない。その結果「収入減少積立金」はいつまでも積立ったままである。これでは、「ナラシ」と言おうと「ゲタ」と言おうと、農民には何の役にも立たない。むしろ米価安定の施策を示してほしいものだ。

そこでヨーロッパ並みに戸別所得補償制度を創設してくれと要求した。民主党政権の時実現したが、自民党政権になって撤廃を決めた。自民党は一九六〇（昭和三五）年に貿易自由化を開始して以来、一貫して日本の農業（家族農業）を潰してきた。例えば、一九九五年に食糧管理法が廃止されてから、米価は下がり続け上述のように二〇一四年には、耳を疑うような金額となったが、自民党は米価安定策を立てようとしない（食糧管理法には最低支持価格機能と所得安定機能があった）。それどころか、逆に小麦六百二十万トンの輸入、ミニマム・アクセス米を国内生産の一割（七十六万トン）も輸入するなど、農業農村を潰し続けている。小泉進次郎を農政部会長に据えたが、自民党の農業潰しをごまかすための目くらましというふうに映じてしまう。「ナラシ」「ゲタ」は美辞麗句のたぐいにすぎず、こんな制度しか作れない自民党農政にガッカリすると共に、「ナラシ」「ゲタ」は農業潰しの象徴のように映じてしまう。

美辞麗句と言えば地方創生もそのたぐいであろう。地方の大きな部分を占めるのは農業である。その農業を政策として潰してきたのは、自民党であった。それ故、地方創生を言うなら、農業を潰してきたことをまず認め、謝らなければならない。ブルドーザーのように農業（地方）を潰しておいて、今度は地方創生だというのは矛盾そのものであろう。国民も農民もこの矛盾に気がつかなければならない。気まぐれな風によって、農業の行方が左右されるのはどんなものかと思う。

だが気まぐれ風が吹いたのは、今次大戦にも見られた。とことん敗戦になるまで続けられ、焼け野原になってやっと終わった。農村も今、焼け野原寸前だ。我々農民は、焼野原になりだした農村の前で立ち往生したままだ。

なぜここまで来てしまったのか

(1) 軽農主義

これにはいくつか理由がある。一つは「軽農主義」、あるいは「農的生活」の軽視である。軽農主義とは字義どうり農業を軽視する事である。「農的生活」の軽視とは農業も工業的にやれという高度成長の考え方が国民の気持ちとされ、「自然」と農業の境がわからなくなってきたことをいう。

(2) 株式会社万能論

二つ目は株式会社万能主義が国民の間に浸透したことである。高度成長以前、人々は農村（村落共同体）か個人商店の中で暮らしていた。それ故農村を目の当たりにしていたので、農業は身近な存在としてあった。だが高度成長後は株式会社がきれいな組織体として出現してくる。生まれた時から会社を目にして育つと、会社に勤めることが当たり前のこととなり、農業は遠い存在になる。こうして、軽農主義と株式会社万能論は相まって、戦後の自民党農政に具現化している。自民党農政は上述のように一貫して農業を潰してきたのである。よく農政は猫の目と言われるが、潰し方がくるくる変わるだけで、潰すことでは一貫しているといえる。

⑶ アベノミクス

アベノミクスの特長は、農協系統潰しに狙いを定めたことである。戦後自民党農政は上述のように農業潰しでは一貫しているものの、家族農業の根っこは残してきた。それを農協系統解体によって、一気に家族農業を根こそぎ潰そうというのが、弱肉強食の新自由主義のアベノミクスであり、安倍首相である。これは戦後自民党農政の中でも特異であり、木に竹を継ぐようなものである。しかも、安倍首相の手法を見ていると、自民党の中のワンマン社長のようにやりたい放題で、国民より国家が先にあるという考え方が伝わってくる。

太平洋戦争で日本は、国家を兵営国家化しヒト、モノ、カネを戦争に動員した。そうやって国民は戦争に巻き込まれていった。今、新自由主義にヒト、モノ、カネを動員しようという勢いが日本列島に横溢している。だが農村は農民にとって「生産の場」であると同時に「生活の場」であり、「生産の場」だという風には割り切れないものを持っている。その農民によって成り立つ農協系統は、大企業中心の新自由主義にとって邪魔であるに違いない。そこで、農協系統潰しに狙いを定めているのだろう。

⑷ 弱いものいじめのアメリカ

農協つぶしには伏魔殿が存在することも指摘しておこう。在日米国商工会議の「提言」と、閣議決定された規制改革会議の「意見書」は酷似している。ここにアメリカの影を感じる。戦後日本の農業が潰れたのは、アメリカの要求を呑んできたせいでもあった。アメリカは弱いものを見つけると、相手を退治してきた。その点、日本はアメリカに「甘え」ながら「従属」してきた。一九九三年のWTO妥結と引き換えにミニマム・アクセス米(WTO米、段階的に引き上げ七六・七万トン)の強制輸入も、アメリカに押し付けられたからであった。今回、TPP交渉はとん挫したが、アメリカが復帰すればやはりTPP米が押し付けられそうだ(その枠を取ってある)。

このような経緯からすると、米国商工会議による農協系統の金融部門分離の提言は、日本の大銀行やアメリカ外資系からの要求と見るべきであろう。その実現は農協解体によって農協系統をバラバラにした後と思われる。農協系統解体にはそういうとんでもない罠が潜んでいるので要警戒だ。

なりゆきまかせ

農業が潰れた理由は以上の通りだが(まだ他にもあるかもしれない)、日本全体としてみればどうか。それは「なりゆきまかせ」(まあまあ主義)という無責任体制のせいだと思う。例えば、米自由化とか原発安全神話とかの大きな風がどこからともなく吹いてきて、それが日本全体を席巻すると多くの人はなりゆきまかせに陥り、大きな風に呑みこまれてしまう。かつての戦争も盧溝橋事件が起きた当初は戦争拡大反対が大勢を占めていた。だがどこから吹いてきたのか戦争拡大賛成の風に、時の陸軍次官の梅津美治郎もまあまあ主義に陥り、戦争拡大を一層推し進めた。まあまあ主義のもとでは思考停止に陥り、なりゆきまかせになってしまい、戦争拡大に向かってしまったのである。ところが、戦争拡大に寄与した陸軍次官がその後出世して行くのだから不思議な国だ。

結局、大潟村のヤミ米蔓延は「米自由化」の神輿《みこし》担ぎ運動だったが、目先の利益に目がくらみ、日本の宝である「食糧管理法」を潰したように、誰も責任を取らず農業が潰れて行くのを見ているだけである。つまり、今の農業潰しも「なりゆきまかせ」の結果なのだ。これは一旦動き出すと止められない国民の悪い習性の結果なのでもあろう。

「豊葦原瑞穂の国」を取り戻そう

この頃「企業の農業参入」という記事を目にするようになった。この記事を目にした時、私の心には「日本人は心の中心軸を失った」という気持ちが押し寄せてきた。豊葦原瑞穂の国を作ったのは、家族農業であった。企業のコメ作り参入は家族労作による稲作を中心に成り立ってきた日本文化の全面否定である。世界でもコメ作りを企業がやっているところは皆無であろう。機械文明の進んだアメリカでさえ、農業の中心は家族農業である。

それで思い出すのは、登呂遺跡だ。私はある年半日かけて登呂遺跡を見たことがあった。

登呂遺跡は静岡県・安倍川の微高地にあった。山手の方には縄文人がいたので、登呂人は太平洋岸から上陸したらしい。そして風呂敷きで包むような小さな田から始まって三反歩、八反歩の様々な形の田を作った。板で土どめをしたり、畔も作り、共同で水を引いたりと、今と変わりない農村風景があった。まるで登呂遺跡は当時のモデル農村のようにも思えた。ところが登呂のゆったりした豊葦原瑞穂の風景に浸ったあと、登呂を一歩離れると登呂を囲む道路には、車の駐車の山ができていた。この時、海の向こうから機械文明が押し寄せて来るのだろうと思った。

その通りになった。企業農業のコメ参入である。だがこれはかつての戦争における巨艦・巨砲主義を思わせる。戦艦大和はアメリカ爆撃機三百五十機によって二時間の集中攻撃でアッという間に沈没した。当時巨艦・巨砲の時代は終わって飛行機の時代に入っていた。だが巨艦・巨砲主義にこだわって—これもいったん動き出すと止められない悪い癖—、飛行機への転換が遅れたため敗退したのである。戦艦大和の姉妹艦である戦艦武蔵の海底に横たわる姿を見た時、途方もない予算（税金）の無駄使いを感じさせ「偉大な阿呆」という気持ちが沸き起こってきた。企業農業のコメ参入は「偉大な阿呆」に終わる可能性がある。

なぜならコメ生産は地域と一体であり、特に日本列島は脊梁山脈から水源を得ているので、列島と農業は一体でもある。しかも、農業は労働と経営が一緒だったから永続しえたのである。企業は儲かるか儲からないかだけで行動するから、持続性があるのかは怪しい。豊葦原瑞穂の国は日本列島そのものであり、名実ともに取り戻したい。

（二〇一六年八月十日）

人間の顔をした農業か無機質の農業か　――農民の人権は守られているか

農業の現状

大潟村の入植事業で、十ヘクタール（町歩）配分（後に農政上の理由で五ヘクタール増反）――それは「夢の到来」で、今にして思えば確かに気まぐれ農政の結果と言える。実際、私が営農を始めた時には減反（生産調整）が始まり、その後食管制度廃止、コメ自由化、米価暴落と続き、徐々に農業環境は劣悪になった。そして、ＴＰＰ、生産調整廃止という掛け声に示されるように、不安の多い今日を迎えた。不安をもたらしているのは、農政に「猫の目農政」と「安上がり農政」が同居しているからである。

戦後農政は（家族）農業潰しで一貫している。入植当初の恵まれすぎた生活による「潟ボケ」もあっという間に通りすぎたかと思うと、次の一瞬まるで猛烈な北風が村の中を吹き抜けたようだった。国内的には「猫の目農政」および「安上がり農政」、国外的にはアメリカの外圧がそうした事態を招いたのだ。

こうして、入植当初のぽかぽか暖かい太陽が照って、「潟ボケ」したのは遠い話で、農政はその時とは雲泥の差がある。今や大潟村の離農者は百戸（入植戸数の二割弱）に達したという。入植当時とは大きな開きができてしまった今、大潟村はまだモデル農村と言えるのか。村を取り囲む雰囲気からは、まだそういうことを期待するものが感じられる。しかし、北風が吹くのは「安上がり農政」のせいなのだ。ちなみに今、軍事予算は北朝鮮脅威を煽り五兆円を超すのに、農水予算は二兆円にすぎない。大潟村の百軒離農者の姿は、農業の現実を語っているのである。

憲法の三大骨格は「国民主権、基本的人権、平和主義」と言われている。その大事な「基本的人権」がはたして農民に保障されているのか、それがここでの問題である。

憲法問題

今国内は憲法問題が沸騰している。憲法についての私の視点はこうだ。まず、農業潰しはとどまるところを知らず、このままいけば農業は死滅してしまうかもしれない。農業がなぜここまで追い詰められたのかを探求してみると、憲法問題にまで行かざるを得ない。農業再生には民主主義と護憲運動が必要なのだ。

次に、安倍改憲からは「軍靴の足音」が聞こえてくる。憲法九条二項によって認められるのは、個別自衛権（専守防衛権）だという歴代の政府解釈を破棄し、集団的自衛権行使を認める安保法案を魔法のようにひねりだした。これは事実上の改憲に等しい。このように憲法をないがしろにする政権に改憲を語る資格はあるのかと言いたくなる。何といっても平和であってこそ、農業も可能になるのだ。

それしても、安倍首相の改憲は、斜陽国家アメリカの傭兵役を買って出ようというものである。ここには依然としてアメリカへの「甘え」と「従属」意識を捨てきれない姿が見える。最悪の場合、どこで戦争があってもアメリカのもとに駆けつけなければならなくなる。それを危惧する。安倍首相は何でもやりかねない。「軍靴の足音」を身近なものとして感じさせ、これでいいのかという思いにさせる。

農業複合経営と工業的農業

農業潰しは、一九六一年農業基本法の制定と共に始まった。農業潰しの合図はアメリカからの大量の小麦輸入である。農業基本法のうたい文句は、選択的拡大である。儲けのでる農業にするには一定の農業に特化（選択的拡大）し、もうからない農業からは撤退（選択的縮小）することが必要であるとした。そこで「選択的縮小」（消滅）させられたのが日本の小麦であった。だが、小麦消滅の後ろには、政治的からくりがあった。当時小麦はアメリカにとって余剰農産物で、その売り込みにやっきになっていた。そこで再軍備と抱き合わせで、矛先を日本に向けてきたのである。

そして、すでに一九五四年（昭和二九年）に調印したＭＳＡ協定で百五十万トンも買わされたが、このＭＳＡ協定による小麦輸入は農政の根幹を大きく変更するものであった。国内自給の努力をやめ輸入依存に変えたからである。さらに輸入依存に傾かせたのは、一九五五年（昭和三〇年）にガットに加入し、一九六〇年に百二十一品目の輸入を開始し、農産物輸入の幕が切って下ろされたことによる。これによって小麦の輸入量は一九六〇年に二百五十万トンとなり、一九七〇年には四百万トンにもなった。今現在、小麦の輸入量は六百二十万トン（米の生産量は何とたったの七百五十万トン！）にもなっている。以後この食料輸入の基調が農政の根幹となって行く。この結果日本人はパンを食べ、米を食べなくなったので、米の減反政策まで行われることになってしまったのである。

しかし、必要以上に農産物が輸入され自給率が下がれば、減反あるいは耕作放棄という形で生産基盤は奪われ、農業収入は減少する。百戸離農あるいは廃業の陰には、こういう現実があるということに注意しなければならない。生産基盤の奪取は「農民の農業を行う自由」を奪うことにもなるし、農民の基本的人権を侵害することになるのではないか。

貿易自由化優先の背景には世界貿易の流れがある。ガットの時代は相互互恵により貿易交渉は比較的自由裁量の幅があった。ところがWTO時代になると、世界貿易を牛耳るまでに成長した多国籍企業のカーギル、コンチネンタルにとってガット方式の交渉では儲けがまだるっこい。そこで超大国アメリカ政府に働きかけた。その結果、交渉から自由裁量は消え、TPPになると国境はもう不要だと言わんばかりに弱肉強食の交渉になった。「自給性」の高い農業にとっては、相互互恵の交渉が肌に合っている。

ともあれ、MSA協定やガット加入の以後食料輸入の基調が農政の根幹になっていった。しかもアメリカはさらに日本に小麦を輸出するにはどうしたらいいか作戦を立てた。それには日本人の食味を粒（コメ）から粉（パン）食に変えることだと考えた。そこで麦の穀倉地帯の西海岸・オレゴン州ポートランドに小麦販売戦略の前線基地を設けた。そして、キッチンカー（栄養指導車）が小麦食宣伝のため、日本国内の農村を隅々まで走り回ったことは有名である。すでにＭＳＡは農業基本法を裏から支えていたのである。

農業基本法と農業守護神・石黒農政

農業は二つの顔を持っている。「農業生産」であり「農家生活」の二つである。農家生活の顔を奪い取り、規模拡大策オンリーと単作化・機械化の農業政策のもとでは、農業を無機質の存在物（工業的モノ作り）にすることになりかねない。これでは農業政策は資本の要求に合うように展開し、人間のいない味けない農業ができあがるだけである。そして、「農業を行う自由」（憲法二二条）が奪われてしまう。

この農業基本法と対照的なのは、石黒忠篤である。彼は、「農政は経済政策であると同時に、社会政策がなければならない」と言っている。農業は資本主義のメカニズムにあわず、弱い産業なので放っておくと工業に呑みこまれてしまう。そこで農業政策は農業と工業の間の格差を補完するものでなければならないとした。今風にいえば農業は水資源保有など多面的機能を有しており、経済政策オンリーでなく、そうした部分にも配慮しなければならない、すなわち人間の顔をした農業でなければならないとしたのである。これは上述の二つの顔でいえば「農家生活」に該当する。

石黒は大著を残さなかったが、農政一筋に生きた。彼のところには訪ねて来る人が多く彼らの話に耳を傾け現場の意見を尊重し、農業政策を組み立てようとした。この姿勢は「石黒農政」あるいは「農政の神様」と言われ、「農業の守護神」をおもわせる。農業基本法が農村に農民がいるかどうかを問わないというのであれば、規模拡大策だけ実施され、定住政策（地域政策）も不在だし、「農業を行う自由」の憲法的人権観念が入る余地はなくなる。むしろ農業を踏み台にして工業の発展を手助けしようとすることからは、「農業を行う自由」も「憲法的人権」も侵されることになる。事実、「農業に首切りなし」という常識を破って、農業基本法下では農民の兼業と廃業が進行する。

基本的人権が、生まれながらに安心して暮らすことができる権利だとすれば、「農業を行う自由」の観念の乏しい今の農政は「憲法的人権」（農家生活の顔）を守ることからはほど遠い。石黒は基本法農政の始まる前年に死去した。それは自ら石黒農政に幕引きする象徴的な出来事でもあったという気がする。

民主主義は企業の門前で立ちすくむ

農業を苦しめるものに大企業（多国籍企業）の存在がある。というより政府の「大企業優先政策」が元凶と言った方がいいかもしれない。農業が苦しめられてきたのは、大企業優先政策の中で、民主主義が抑圧されてきたからである。例えば、農業が潰され、農民の「生存権」が抑圧されてきたのは、古い話だが金丸金権型政治によってであった。金丸金権型政治は東京佐川急便の五億円闇献金事件でわかるように、「政治は力、力は数、数は金」にあるとして、富を手にした大企業が献金と言う「ワイロ」を自民党実力者に注ぎ、企業の思惑のまま政治も経済も牛耳るかたちのことである。この点で、八幡製鉄所による自民党への政治献金を容認した最高裁判決（一九七〇年）は、目に見えないが大きな事件であったし、今も大きな事件であり続けていると思う。

八幡製鉄献金事件の争点は、自然人（人間）同様に企業法人にも人権が認められるか否かという点にあった。最高裁の判決は、「会社は自然人と同様に、政治的行為をなす自由を有する。政治献金の寄付もまさにその一環である」とした。

しかし、これまで実際に行われてきた企業献金は、営業活動の一環として捉えられる傾向が強い。そのことが癒着、政治腐敗の原因になっていた可能性がある。ここで、営業活動の一環としておこなわれる企業献金と、政治活動としておこなわれる企業献金を区別して考えることが必要になってくる（郷原信郎「企業献金の是非を改めて考える」）。

だが最高裁の判例があったとしても、企業さえ政治活動ができるというのは奇妙なことだと思う。この結果、企業ぐるみ選挙がまかり通るなど、なんとも違和感のある現実が展開している。もともと民主主義の原則は政治の主人公は国民一人一人にあるべきはずであった。それは形式だけになった。上からの民主主義が顔を効かせ、大企業にからめとられてしまったのである。その分、下からの民主主義は後退し金主主義と民主主義の境界が分からなくなってしまった。

ガラクタの山にされた日本の農業

大企業優先政策による〝偉業〟はまだある。農村・農業をガラクタの山にしたことである。農村をガラクタにすることを希望したのは財界（大企業）であった。財界は農業を潰すことによって、農業部門をも自己の新たな投資先、つまり、農業・農村をニューフロンティアとすることができるからである。だがここまで来るのに、戦後七十年の農政があり、二〇〇九年に自民党政権が民主党に交代するまで三十八年の自民党一党支配がある。民主党はわずか三年で政権を退き、自民党が復権したら、案の定、戸別所得補償方式など見捨てられ、ガラクタの山はさらに大きくなっている。

長い自民党農政が終わったときには感慨深いものがあった。自民党農政は何を残したのだろうかと言う気持ちがジワーと心に湧いてきた。そして自民党農政はマイナスに終わったなあと思い至った。さらに、ガラクタの姿はどこかで見た風景だった。

カンボジアの歴代の王様は死後神様になることを信じて、自分の信ずる神を擬して沢山の廟を作らせた。だが今カンボジアに行くと、その廟の多くは朽ちて自然に帰っている。日本の農村も人がいなくなり、田も見捨てられ、過疎化し消滅寸前の限界集落が草ぼうぼうの中にポツンと静かに横たわっている。これでは廟のガラクタ化ならぬ農村のガラクタ化だ。

なぜこうなったか。生存権など農民の基本的人権を、政府が渋るのは当然であろう。政府は農民を工業化・近代化のための労働力としてのみ利用してきたからである。政府・財界は、農民が社会にとって不可欠の食糧生産をやり地域や環境を守ってきたといったことには興味がなかったからである。

逆にいえば、このことは「モノ」から「ヒト」を大切にする政治への切り替えを求めているということが言える。農業復権とは、一方では農業と工業のバランスある政策であり、他方では、農民（ヒト）を大事にする政策である。農民の生存権保障を、食料政策、地域政策とともに三位一体として見ることが必要である。「ヒト」優先策の中では、対米従属からの離脱も必要になってくるに違いない。

農業基本法の農政は、憲法人権（生存権）を侵害してきた。私はこの点で、農業の復権は護憲運動と表裏の関係にあると思っている。

国土観あるいは農地観

国家や憲法を考える時、何かベースになるものがあるのではないか。国土観あるいは農業観がそれに相当するのではないか。

農地法は食糧管理法と並んで戦後の農業を支えた二本柱である。農地法の精神は、戦後農地改革で獲得した自作農主義を守ることにあった。そこには日本人の「農地観」が投影されている。

その農地観とはどのようなものか。日本人には農地が農地として永続してほしいという深い思いがある。そこで永続できるシステムとして選んだのが、「所有」と「労働」と「経営」の三位一体化が可能な家族農業、自作農である。

その根底には、農地は先祖からの借りものか、預かりものであり、その延長上に既述のように農地はムラ（村ではない）からの借りものだという気持がある。

農地は借りもの、あるいは預かりものという気持ちは、日本人の深層心理みたいなもので、この部分は将来も固いコアのように残るに違いない。しかし、日本人にしっかりした農業観はあるだろうか。残念ながらその点はあいまいだ。

農業観のあいまいな日本

農業観という点では、アメリカもＥＵもはっきりしている。アメリカは工業的な大規模生産を基本とし、ＥＵは庭先でやる家族農業こそ本来の農業の姿だと考える。欧州を旅行して、かの地に立った時、確かに家族農業を大切にする気風が伝わってきた。

それなら日本はどうか。日本をほめたたえる「豊葦原瑞穂（みずみずしい稲の穂）の国」という言葉は今や死語である。そして、確固とした思想もないままに、アメリカ流の工業的農業観に引きずられている。

日本と西欧の違いは、農村を生活の場と考えるか、生産の場と考えるかという文化の違いでもある。西欧においては中世以来、農村で生活する者はその場で生産された作物を食べ余ったものを都に持ち込み住民に提供した。これに対してアメリカ農業はスタートから機械文明の中にあった。工業化の道を進むことで農産物輸出大国となったのである。初めに自由貿易ありきだったのである。

日本はそもそも西欧型農業（旧大陸型農業）に近いはずだったが、新大陸、つまりアメリカ農業をまねしようとしている。そのため国民の間で農業観が混乱し、農業政策へのコンセンサスがいつまでも得られないでいる。

今憲法改正に合わせ、憲法に食料安全保障を条文に明記する運動が始まった。既述のように自民党の農業政策は経済政策オンリーであり、農業はあまりに粗末にされてきた。農業は多面的機能を持っており、国富をたかめるには経済政策オンリーでなく、社会政策も加味した政策の展開が必要のように思う。

（二〇一八年一月二十六日）

「食管法は本当に不要ですか？」
——お蔵入りした原稿を読み直して

食糧管理法（以下、食管法）は、農地法と並んで戦後農政の中では見るべきものの双壁であると思う。食管法は地味な存在であったが、農業を安定させるため大きな役割を果たしたのである。それが、規制緩和の大きな波に足元をさらわれ、潰されてしまった。もちろん、簡単に潰されたのではなく、そこには攻防戦があった。私はある時、本棚の片隅に眠っていた三十年前の原稿を偶然見つけた。初めは路傍に捨て去られた石ころと思っていたが、読み進むにつれてピカッと光っているように思えた。

原稿のタイトルは「食管法は本当に不要ですか？」というもので、食管法がどのように潰されたのかを、リアルに書いている。

戦後農政は一貫して農業潰しをやってきた。農業潰しは今日の問題である。だから、この原稿のタイトルは決して古くはなく、広がりさえある。例えば「米の価格政策は本当に不要ですか？」としてもいいし、「戸別所得補償は本当に不要ですか？」と言い換えてもいい。

そこで、この原稿を横に置いて、食管法潰しと、それを阻止しようとした「食管攻防戦」に触れて見たい。

同じ穴の狢

見つかった原稿には四人の登場者がいる。一人は農水省、二人目は『中央公論』のH編集長、三人目と四人目は大潟村のK氏と私。

今から約三十年前（一九八六年）大潟村に通ずる道路に、ヤミ米検問所という異様な風景が現れた。そしてヤミ米検問所の陰で農水省と過剰作付け派のK氏が論争していた。その内容は食管法必要（農水省）か不要（K氏）かである。

『中央公論』は論戦の舞台を提供していた。この年の四月号で食管法不要派のK氏に、「われ農水省とかく戦えり」の文章を書かせ、これに対して農水省が六月号で「『大潟村』K氏よ驕《おご》るなかれ」の反論を書き、七月号でK氏は「農水省の妄論を再び嗤《あざけ》る」を発表した。

そして、農水省は出向者の農政部次長のN氏が私に電話をよこして、「農水省はもう反論を書かない。あなたに頼みたい。ただし食管骨抜きとか、ヤミ米蔓延の村と書かれては困る。食管順守派で頑張っている人もいるという具合にしてもらいたい」というのである。引きうけるのは重荷なので断った。しかし人を介したりして頼まれたので、書くことにした。

そこでまず『中央公論』のH編集長に連絡を取った。そして「私にも書かせてほしい」と頼んだ。しかし、断られた。理由は次の通りだ。「この議論はK氏と農水省との間だから、スリリングで面白い。

その議論の枠組みの中に第三の人間が入ってきたら議論の行方がぶれる。K氏は時代を切り開く議論をしている」。編集長の話に『中央公論』は「ずれた」目で見ているなと思った。

その時書いたのが、今回見つかった原稿だった。その論旨は「K氏と農水省は『同じ穴の貉《むじな》』である。米流通を巡って主導権を争い、農水省は右往左往しただけだ」というものである。この原稿は「ヤミ米の人間もいる」という内容なので当然農水省は採用しなかった。

一方『中央公論』はただニュース価値があると言うだけでK氏に飛びついた。多くのマスコミと同じように、『中央公論』は食管潰しの舞台を提供したのである。そして過剰作付け派（自由化派）のK氏は農民自身が食管法を潰すという大仕事をやってのけたのである。結局発表する場所が無くて、私の原稿はお蔵入りとなった次第である。

食管法理念の解体

では改めて、K氏と農水省はどこが「同じ穴の貉」だったのか。

それは、農政全体として、その時すでにかなり米の国内自由化が達成されており、しかもK氏の文章の行論からは、農業にも自由競争、市場原理導入が必要だと言う論旨が伝わってきたからである。その時の食管法の姿を見ていると実質K氏の望む状況になっていたのではなかろうか。だから両者は、「米の自由化」という同じ土俵の上で争っていて、立場の差異が残っているだけのように見えたのである。

そこで改めて、食管法の理念・目的とは何だったのか、はっきりさせたい。

それは、生産者・消費者の双方を利する事によって「国民経済の安定を図る」こととされていた。そのために、食管法は三本の柱からなっていた。すなわち、「国境措置（米の自由化阻止）」「流通（全量買い上げ）」及び「価格（価格支持）」の三つである。

そもそも食管法の発端は、百年前の富山県の米騒動にあった。当時、シベリア出兵を見越した商社と米業者が米を買い占めた結果、米の価格が暴騰し、怒った民衆が立ちあがり、時の寺内内閣が倒壊した。その反省として米流通から商人資本を排除することで米流通の安定供給を図り、政権の安泰を意図した。この食管制度は生産者、消費者という「生活者」にとって好ましい制度であったと私は思っている。幸いなことにこの食管制度の理念は、戦争を挟んでの国内事情と、まだ資本の力が小さかったことによって守られてきた。

だが日本の資本が世界で自由に動き回るためには、日本も外国資本に開放する自由化の動きが出てきた。さらに臨調行革路線を錦の御旗とする「三K（国鉄、国民健康保険、コメ＝食管会計）」赤字対策の一環として、食管法の骨抜きと自由化が大車輪で行われてきた。

例えば、その大きな出来事は、農民が自由に米を売り買いできる自主流通米制度の導入である。食管法の建前は農民の生産したコメの全量買い上げだが、自主流通米制度の導入により政府一元集荷は崩され、食管法に風穴が開けられた。

そして、自主流通米制度ができた二十五年後の一九九四年には食糧法ができる。食糧法に流れる精神は二つである。一つは米行政から政府は手を引くこと。二つ目は流通（価格）は市場に任せる事。

私はこの自由放任政策を見て二つのことを連想した。一つは大阪堂島の商品取引である。かつて江戸時代大阪の堂島では米の問屋や仲買人が米を商品として扱っていた。もう一つ富山の米騒動も米を商品（投機品）扱いにしたから起きた。

先に述べた食管法の三本柱のうち「流通」も「価格」も一九六九（昭和四四）年の自主流通米制度の導入以来崩れて、自由競争、市場原理の導入となり、残るのは「国境措置」だけになった。

『中央公論』（一九八六年四月号及び七月号）における、農水省岸参事官との論争を、当時、私は興味深く、しかし戸惑いと大いなる疑問を持って読んだ。率直に言って、七月号で国の農政の矛盾をついたK氏の文章からは説得力ある反論という印象を受けた。

しかし、その一方でどこかピンとこない疑問が残った。それは「食管不要論」を振りかざすその論法である。なぜ生産調整の非や農政の矛盾をあげつらったあとに、「食管不要論」に落着くのか。同じ農民としては理解できなかったのである。

農水省が食管法の骨抜きと手直しをどんどん進めている当時の状況において、その食管法いじりに批判的であるべき農民が、その手直しの具合が逆になまぬるいと叱っているようで、苦笑せざるをえなかったのである。一見政府と対立しているように見えて、その実、K氏と政府との間は基本的に「同じ穴の貉」で、一体何を争っているのかと思わざるを得なかった。

食管法潰しの応援団

そうすると本当の論点は何だったのだろうか。生産調整を止めてもらいたい。否、自由に米の販売をやりたいということなのか。そのためには政府の規制は邪魔だということなのだろう。だがその発想には、農民あるいは「生活者」として危険が蔵されていた。生産調整を他人事にしてしまうことである。確かに、私も同じ農民として自由に米を作りたいと思う。しかし農政は、日本からアメリカに工業製品を輸出する代わりに、アメリカからは農産物を輸入するという日米関係を基軸にしている。

そのもとでの生産調整なのである。ここに国際関係の本質が蔵されている。このような状況の中で、全国農民が一斉に無定見に米を作りだしたらどうなるのか。米流通は大混乱を起こすのではなかろうか。生産調整は計画生産により価格を安定させる役目がある。大潟村の食管不要論は、良質のナショナリズムとは無縁・無定見のソロバン勘定的な、なりゆき任せの結果辿りついたところがあるので危惧の念を持った。

大潟村の食管不要論は、自分達だけは思う存分作りたいというもので、その意味では岸参事官が指摘したように、全国農民に対する「抜け駆け」と言われてもしかたない。

ところがその時の農政は、我々順守派と過剰作付け派とを争わせ、最後は食管法を潰そうと画策しているようにも思われた。そこが不気味だった。その証拠に朝日新聞は、一九八六年八月三十日付で「来年から自由に米を作れる」というウソ記事を書いた。しかもこの日の夕方、過剰作付け派の機関紙である「調停通信」が各戸に配付されている。これは明らかに朝日新聞とつるんだことを示していた。この朝日新聞の行為を見た時、食管潰しの応援団として並々ならぬ決意を感じた。過剰作付け派の運動に刺激されたか、自信を得たからに違いない（事実、農水省は過剰派を泳がせ、大潟村を舞台にして九五年に食糧法を発布した）。

「食管不要論」は誰のためのものだったのか。農民にとっての本当の利益とは何かを問いたくなる。というのはコメ業者はこのような大潟村に目をつけて、「食管制度を潰すなら大潟村で」とばかりに、大潟村地内で公然と講演会を開くありさまで、入植者もついついヤミ米に手を付け、結局は「食管制度潰しの大潟村に」していった。農業の最後の砦としてのコメを守ろうという時に、食管法を農民自らが足げにし、踏みにじった歴史は、心底情けない話だと思う。

〔追記〕

お蔵入りの原稿から三十年後の現在（二〇一七年六月十二日）、米を取り巻く状況はどうなったか。価格政策も所得政策も無く、農民は裸で荒野の中に立たされている。快調らしいのは商社だ。

今農家のコメの手取りは一俵（玄米六〇キロ）一万〜一万二〇〇〇円。これは食管法時代の何と半値である。一方量販店の店頭価格は五キロ二〇〇〇円（白米）だから一俵（六〇キロ）に直すと二万四〇〇〇円となる。消費者の買い取る値段は、食管法の時代と変わらないのに農家の手取りは半分になったのである。ここにはからくりがある。

量販店は米の価格を牛耳っている。その量販店を傘下に収めている商社が価格を操作している。つまり商社がコメの流通を独占し、流通マージンを懐にしているのである。

三十年前の原稿に、私は「(食管法潰しは)やがてくる流通資本に道をあけることになるだろう」と書いたが、現実にそうなった。食管法を潰し、その代わりとして生まれた「食糧法」をマスコミは当時「作る自由、売る自由」の良い法律だとはやし立てた。生産調整(減反)をしながら、しかもアメリカからコメを押し売りされて、どうして作る自由なんかあるものか。このキャッチフレーズの本当の狙いは「売る自由」にあると当時私は思った。かつてもそうだが、今も、軽農主義がここに極まったと思う。

(二〇一七年六月二十九日)

焦眉の急の戸別所得補償制度

美しい農村風景はどこから来たか

私はこれまで三回ヨーロッパに行ってきた。一回目は一九八〇年、単なる観光旅行者として行ってきた。この時、イギリス、フランスを訪れたが、農村風景の美しいことに感心したことを覚えている。しかし、なぜ農村が美しいのか、その理由はわからなかった。二回目の訪問はその十年後の一九九〇年である。この時は反ガット運動として集会地であるベルギーに行ってきた。この時ベルギー農業やヨーロッパの「共通農業政策（CAP）」について学習する機会があった。そして農村風景が美しい理由がわかった。共通農業政策によって農業保護が行われ、その農業保護のため、戸別所得補償制度が行われていたからである。ただEU農政は生産重視から環境重視に転換し、所得補償を受けるには環境負荷（生産調整＝セット・アサイド）を負担する必要がある。一回目の訪問の時は、観光旅行者であったが、二回目の時は農民としてであったので、農村風景を農民の目で見ることになり、美しい農村風景の存在理由を知った時、新鮮な驚きがあった。

私は百姓になった時から、農業と工業はバランスのとれた、並進のための経済政策が必要だと思ってきた。なぜなら農工間は放っておけば、不均等発展するからである。ひたすら利潤を追求しようとする資本主義のメカニズムのもとでは、国内経済と国際経済とは連動しているから、資本の運動は農業の領域にも入り込み、農業をも資本主義化しようとする。だが、農業は資本の回転が工業に比べて劣っており、利潤追求の点では農工不均等発展が生じるのである。（山内良一『農業保護の理論と政策』22頁）

農工間格差の事例は卑近な例を持ち出して申し訳ないが、単純化して見れば次の通りである。私は大潟村に入植するにあたって、農地購入代、設備投資を含めて約五千万円必要であった。もちろん、農地購入代金等は利息も含めて年賦返済であったが、それは年々の農業収入から捻出した。つまり、五千万円投下しても年一回の収入しかなく、これが工場であったら年一回の回収でなく、もっと回転が良かったかもしれない（逆に失敗の場合もある）。このように、農工間格差は容易に起こりやすい。

大聖堂構築に似た共通農業政策の積み重ね

それなら、ヨーロッパ（ＥＵ）ではどうしたか。資本主義や農工不均等発展の渦に巻き込まれないように、別の理念のもと農業政策を実施している。それが直接支払い制度等の分厚い戸別所得補償である。しかも、共通農業政策をヨーロッパ統一のセメント役にしようとしている。このような農業政策はヨーロッパの教会・大聖堂が三百年から四百年かけて作られたように、共通農業政策の小片を積み重ねて政策の大聖堂を構築しようとしている姿に見えてくる。そのことを実感したのは、一九九五年のドイツ、フランス、イギリスの農村を訪れた時である。

その前々年ウルグアイラウンド交渉が妥結した。この妥結によって日本はミニマム・アクセス米七六・七万トンをアメリカから押し売りされたが、EUは肉類を一括りにした「肉類一括方式」を勝ち取り、日本の米に相当する酪農を守った外、直接支払制度を死守した。日本は米自由化反対を叫ぶだけで、交渉の戦略がなかった。その結果、ウルグアイラウンドが終わってみたら米輸入を押し付けられただけであった。EUで許されるのなら、日本も「穀類一括方式」で交渉すれば、米は輸入しなくても済んだであろう。しかし、アメリカへの忖度《そんたく》外交（おべっか外交）は、そもそもそういう交渉を可能にしたかどうか疑わしい。私はヨーロッパと日本の「彼我の差」に疑問を感じて訪欧したのである。

ドイツ、フランスでは多くの農民に会った。そして多くの農民からは、異口同音に所得補償という助成金を貰うのは当然だという言葉が返ってきた。その内二人の発言を取りあげてみたい。

一人目はドイツ南西部のシュトゥットガルト在住の、ドイツ農民組合の幹部のフォルトベンクさんだ。彼は言う。「あなたの言う通りなら日本農業の将来は暗い」「農業の基本は家族経営で、農民組合の目的は家族経営を守ることにある。私の住むバーデンブルク州では農家の半分は後継者がいる」「州によって所得も助成金の額も違うがドイツ全体で見ると所得（収入ではなく収入から経費を引いた所得）は四万六千マルク（一マルク＝七十円）。だがそのうち三割は助成金だ」所得の三割が助成金（補助金）だと聞いて、粗末な扱いしか受けていない日本の農民としてはうらやましく思った。

二人目はフランス北部のクレイメビュウ村のマーシャル・ペロダン氏だ。所得補償について聞くと、明るい表情でこう言い切った。「助成金がなくなったらフランスの農業はどうなるか考えてみてくれ。農業が存在できるか問われることが起きると思う。農業はフランスにとって国の基幹産業だ」——農業を背負って立つ農民の気構えに私は感心した。同氏の鼻息の荒いのは所得にも関係がありそうだ。同氏は所得と同額に近い助成金を貰っているという。なぜこんな不思議なことが起るのか、議員もしているというからやり手なのであろう。

それにしてもレッセフェール（自由放任主義）の国イギリスの農民は所得補償制度に懐疑的だが、ドイツでは農業視察の段取りと世話をしてくれたアルブレヒトさんという牧師さんまで「日本に帰ってからもドイツの農民にとって助成金は必要だということを訴えて欲しい」とフランスの農民と比べるとやや控えめだが、所得補償の確立に就いて二人の話に駄目押しするように訴えられた。私は一連の出合いの中にヨーロッパ農民の農業観が伝わってくるのを感じた。

ところでペロダン氏の所得の不思議についてその一端はわかった。私はこの後、カルチエさんという農民組合の運動家の自宅に泊めてもらって、聞きとりと農場視察を行った。この時、フランス農業省発行のB５判六十八頁の助成金ガイドブックを貰った。そこには助成金の目次が五項目あり、頁をめくると沢山の助成メニューが書いてある。カルチエさんによると農民は何かを始める時、どんな助成金があるか知るため、まずこのガイドブックを見るという。もちろん、カルチエさんは農民から色々聞かれるので聖書の様に持ち歩いているという。話を聞くとこの本は農民にとって助成金の「宝の山」が記述されていると思った。ペロダン氏もこのガイドブックをじょうずに利用したのであろう。

思うに、私は助成金は人権思想と結びついており、ヨーロッパに成熟社会を見た。当然助成金を貰うことに自尊心を傷つけられる人もいるかもしれない。しかし、たいがいの人は助成金は当たり前のことと思っているようだ。ドイツでは条件不利地での定住策として、平衡《へいこう》給付金制度まである。平衡とは条件不利地のハンディを克服するという目的が込められているという。平衡給付金は条件不利地住農民の九割近く、ドイツ全農家に直すと半分の農家が給付金を貰っていると言われる。

ドイツ、フランスとは違うイギリス農業

ここでイギリス農業についても触れておこう。ドイツ、フランスの大陸型農業とイギリス農業は一味もふた味も違う。どこが違うか。二つある。一つは自由放任主義（レッセフェール）を信ずるか否かであり、二つ目は大地主制があるかないかの違いである。ヨーロッパに今のような農業のスタイルが生まれたのは一九世紀末までさかのぼる。一九世紀末、交通、運輸の飛躍的発展により、アメリカとロシアから安い農産物がヨーロッパに流れ込んだ。その結果、ヨーロッパ農業は不況に陥った。この不況を克服するのに、イギリスは農業にも自由貿易政策を取り入れ、一方小農の多いドイツ、フランスは高率関税で国内の農業を保護しようとした。ドイツ、フランスが国内農業を保護しようとしたのは自給率を上げようとしたからであり、イギリスはというと植民地からの農産物を輸入しこの不況

を乗り切ろうとした。この農業保護農政の伝統は今日まで続いている（暉峻衆三編著「日本資本主義と農業保護政策」414頁）。先にEUは農業保護に好意的だと述べたが、このような農業の歴史があったからである。

だが自由貿易主義の国イギリスが今日、農業保護に転じたのは、矛盾だと思われるかもしれない。それにはわけがあった。そのわけとは第一次大戦と第二次大戦でドイツ駆逐艦に輸送船がやられ、食料が滞り空腹に悩まされ背に腹は変えられなくなったからである。そこで一九四三年丘陵の条件不利地に目を付けた。イギリスの地形は氷河時代に山を削られたので、丘陵地の多い地形になった。そこに羊と牛を飼育したら助成金を付けるという「ヒルファーミング・プログラム（丘陵地羊、肉牛助成事業）」を実施した。ちなみに「ヒル」とは丘陵と言う意味である。皮肉なことにレッセフェールの先導国イギリスは戸別所得補償制度に消極的・懐疑的（イギリスでは異口同音に所得補償はなくていいと言われた）なのに、そのイギリスのヒルファーミング・プログラムがEUの条件不利地対策のモデルとして、認められていくのである。その理由は、六年遅れでEUに参加したイギリスは、参加に当たって条件不利地対策の創設を求めたからである（一九七二年の加盟）。ついでにいえば、イギリスは自由貿易主義ではアメリカ以上で、どちらかと言うと考え方ではドイツ、フランスよりアメリカに親しい。ドゴールフランス大統領は、アメリカに近く遅れて加盟したイギリスを見て、将来EUの足を引っ張らなければいいがと言ったが、今回イギリスはEU脱退を決めた。ドゴールの心配が当たってしまった。

イギリス農業にとって画期的だったのは、自由貿易を決めた一八四六年制定の「穀物法」を撤廃し、一九四七年「農業法」を決めたことである。この「農業法」によって「不足払い制度」が実施されて行く。いずれにせよ、イギリスの「世界の工場」は百年しか持たなかったことになる。私が言いたいのは、自由貿易主義のイギリスさえ戸別所得補償制度を導入したということである。この結果自給率は第一次大戦前二五％であったのに、今は共通農業政策のもと六三％に達したと言われている。ただし、穀物、牛肉、鶏肉のように以前から営々と作られて来た品目は自給可能だが、輸入に依存した品目は消滅したので、金額換算では自給率は半分くらいだろうと言われている。外貨準備高のある時はいいが、国際収支が窮屈な時は、輸入もおぼつかないであろう。日本にも早晩その時代は来るに違いない。

次に大地主制について――。自由の国イギリスに地主と王室のあることは、不思議である。大地主制が生まれたのは、産業革命期に囲い込み運動という暴力によって農民が追い出され、大地主、農業資本家、農業労働者の三範疇の農業資本主義が見事に成立したからである。一方、ヨーロッパの王室は嫁をやったり貰ったりして王室のネットワークを作っていた。ところがフランスのルイ王朝にしても、ロシアのロマノフ家にしても市民社会が生まれるための儀式として斬首されてしまった。イギリスに王室が残ったのは名誉革命（一六八八年）をうまく切りぬけ、大地主が残ったからでもあった。フランス人はそのことを知っていたので、ルイ十六世は何も悪いことをしていないが、王室を逃がしてたまるかという時の勢いで斬首してしまった。斬首してから市民はやりすぎたと思ったが後の祭りであった。この場合、イギリスの自由主義は囲い込みの暴力的自由を含めての自由なのである。

カルチエさんの自宅を辞し、イギリスに行くことになった朝、カルチエさんは私に言った。「今日イギリスに助成金の調査に行くのですね。それだったらイギリス王室に聞きなさい」。ここには皮肉がある。助成金で新しい貴族を生み出しているという気持である。イギリスの平均耕作面積は七十五ヘクタール（町歩）位。この面積で助成金を貰うのだから、確かに新貴族が生まれても不思議でない。イギリスに行った時、イギリスの知人に、「生活が苦しい農民はいますか」と尋ねた。この人のお父さんが牧師さんだったから、世間が広いと思ったので聞いて見たのである。答えは「農民は皆金持ちだ」というのである。しかし谷底にへばりついている農民はいる事はいた。自小作農民だ。その彼に聞いて見た。「どうして地主制が残ったのか」答えは「I Wonder」だった。この言葉にはやりきれないという気持ちも混じっているようだ。それはそれとして、困窮した農民がいないかわりに普通の農民を紹介してくれた。六十歳を超えているだろう。百姓然とした風貌だ。最近農業をやめて行く人から農地を買ったと言うのでそこを見せに連れ行ってくれた。購入農地は何の変哲もない農地で、広々とした大麦畑が広がっていた。ところが彼の表情が振っている。ここにつくまで何の変哲もないお百姓さんだったのに、着いたとたん表情がきりっと締まったのである。私はレッセフェールのもと農業をビジネスとして捉えているイギリス農民を見たと思った。大地主の館。そして、多額の助成金とビジネスマンの取り合わせ――。これでは、ドイツ、フランスのように国内保護は不必要なのは当然なのかもしれない。私はイギリスの視察の行き先々で、「助成金はなくてもいい。EUがくれるのでありがたく貰っておくが」という話に腰を折られた。

ニワトリが先かタマゴが先か

日本に帰ってから戸別所得補償のことを周りの人に話した。しかし反応はにぶかった。農水省のK政務次官に「コメ・農業潰しに黙っていられない」東北大会・大曲集会の「戸別所得補償制度実現を」という大会宣言を示したところ、政務次官は戸別所得補償のことを知ってか知らないでか、何かの陳情団と思ったのか、「具体的に何が欲しいのか言え！」と突き返された。この時、農民の声を聞いて欲しいと思って話に行ったのに、話し合いが拒絶された事にすごくガッカリしたことを覚えている。かと思うとある農民から「俺は乞食でないからその話には乗れない」と言われ、これまたがっかりしたことを覚えている。この白眼視に私は思った。助成金を権利ととらえない日本ではその意識がないから、戸別所得補償に興味がわかないのか、戸別所得補償という制度を現実に目にしていないから、戸別所得補償への意識が及ばないのか、ニワトリが先かタマゴガ先かと思ってしまった。

なぜ白眼視なのか。それは農政の根本に触れることだからである。農政は作物を奪い、農地を奪い、人まで奪う三奪作戦を実行してきた。その目的は農民を農村に住めないようにすることである。そのため減反強化も行われ、農民は過保護だという人身攻撃まで行われている。この背景には日本の経済政策は大企業中心の「モノ」作り政策であって、農政も大企業に奉仕するように、仕組まれていることがある。

このようにいわば離農促進政策の上に、外貨があるので安い農産物をどんどん輸入すれば、大企業は雇用者の人件費を下げられるので、自給率向上も放棄する。戸別所得補償制度を導入するには、定住政策へと農政を転換しなければならない。そのためには今迄の農政を反省しなければならない。ところが地方創生に見せたように、政府も国民も農業潰しを反省も謝りもせず、ただ地方創生を言っている。これは矛盾である。

とは言え橋本内閣の時、中山間地の条件不利対策として戸別所得補償制度が実現した。ヨーロッパのように、この制度が中山間地から平野部に広がってくるものと思ったら、中山間地止まりのままだ。ところが民主党政権になって平野部にも広がってきたものの、自民党政権になったら民主党がせっかく導入した戸別所得補償制度は、握りつぶされてしまった。今その代わり収入保険制度が検討されているが、これは農民にとって何の役にも立たない。

ところが、規制改革推進会議が農村政策審議会をそっちのけにして農政改革の名のもとに、農協解体（潰し）まで行おうとしている。

今、安倍政権による新自由主義の推進によって、農業も「効率的」にやれ、「生産性」を上げろと尻を叩いている。農工不均等発展の中では、農業政策は工業のそれとは違わなければならない。農業が生き延びるには協同組合も必要だ。だがそういうものを否定しようというのだから、農民を取り巻く状況は厳しい。これでは、初めから優勝劣敗は決まっているようなものだ。その結果、農民は苦境を逃れようとして、ハツカネズミのように「踏み車」を廻さざるをえない羽目に落とされている。

ところが、アメリカには農家手取りと販売価格の差額を補てんする不足払い制度があり、韓国では農地の多面的機能を認めて直接払いを実施しており、その金額も増額しようとしている。中国でも不足払に農政を切り替えようとしている。

そこで私は、農業再生に向けてこの数年、戸別所得補償の政策化（復活）を訴えてきた。農業が国土保全機能を持っているとか、食料安保の機能を持っているとかの議論を超えて、もっとその先のことに目を向けなければならない。もっと先というのは、議論の段階でなく実践的にどうやって農業再生が、可能かというせっぱつまったところまで、追い込まれてきたということだ。それを打開するためには戸別所得補償が緊急の課題になってきたと思う。

だが、政府自民党は評判の悪い「収入保険制度」を推進している。評判が悪い理由は、第一に補填率が減収の八割と低いうえ、農民の自己負担は四分の一もある。これではタコがじぶんの足を食っているようなもので、収入保険制度の名に値しない。さらに、補填の基準額は今迄最高、最低を除外して三年平均（五中三）を採用していたが、今度は五年平均（五中五）を基準にするという。これでは米価の変動をもろに受けやすく、今のように米価の下がる時には、保険の発動は少なくなる。

私もこれまでに十数年収入保険制度に加入していて、保険の発動を受けたのは二～三回しかなく、金額も満足のいくものではなかった。ところが今実施しようとしている収入保険制度の対象者は青色申告をしている人だけなので、対象者は全国で二十万人だという。これで保険制度が成り立つのか。

収入保険制度の押しつけには、その背景に農業・農民を粗末にする軽農主義の気持ちが底流にあるような気がする。この原稿を書いている時、自給率が三八％に下がった。こんなに自給率を下げて、国の食糧安全保障はどうなるのか。

農業は人間が生きて行く上でなくてはならないものである。特に日本列島には列島の中央に脊梁山脈がそびえ、そこから下流に向かって川が流れている。その国土を利用して先祖伝来営々と米が作られてきた。米は国土と一体で、それ故米は日本人の心の中心軸でもある。その農業の中核は家族農業である。農業を安定させるには家族農業を安定させなければならない。家族農業を安定させるには、収入保険制度でなく戸別所得補償制度が必須である。民主党政権のもと二〇一〇年から二年間、戸別所得補償制度があった時、低米価のもとだが一息ついたことを思い出す。ここで改めて、戸別所得補償制度の復活を要望する。

（二〇一七年八月十一日）

【追記】

人間は人の話を聞けば、話している内容を理解する事ができる。しかし本当に農業再生の必要を感じるためには、心で味わい、そして手足を動かして見なければならない。その手段として、戸別所得補償を訴える。戸別所得補償は農業再生にとって、極めて実践的な意味合いを持っていると思うからである。しかも、戸別所得補償は農業再生の切り込みの突破口になるし、次には農業再生のテコの役目が期待できるので、農業再生の間口が広く、奥行きが深く、そういう意味では農政転換に対する戦略論、戦術論の二つの側面を持っている。それ故、ここで再度、戸別所得補償政策の復活を要求する。

米櫃《こめびつ》を空っぽにしても平気な日本人

よくもまあ下げたものだ

二〇一七年十月、日本の食料自給率は三八％だという。よくもまあここまで下げたものだ。日本人は自分達の食べる食料の「安全・安心」に無頓着だからこうなったに違いない、と私は思った。三八％というと、半分も自分たちの食料を賄えないという勘定になるのだ（一九六五年＝昭和四〇年の自給率はなんと七三％！）。ちなみに先進国の食料自給率は次の通りである（カロリーベース、農林水産省・食料需給表）。

カナダ	二六四％	（二〇一三年）
オーストラリア	二二三％	（〃）
アメリカ	一三〇％	（〃）
フランス	一二七％	（〃）
ドイツ	九五％	（〃）

イギリス　六三％（〃）
イタリア　六〇％（〃）
スイス　五五％（二〇一四年）
韓国　四三％（二〇一五年）

イギリスの後追いの日本

自給率三八％――。ここまで下がると思いだすのは、イギリスだ。自由貿易の発祥地イギリスは、一八一五年地主・農民を守るためいったんは「穀物法」を制定した。しかし、産業革命の進展と共に、その三十年後「穀物法」は撤廃された。「穀物法」を撤廃したのは、イギリスの資本家に千年王国が到来し、イギリスが「世界の工場」として工業分野で世界に君臨することができるようになったからでもあった。しかしこの結果、農業はおろそかにされ、第一次大戦前には自給率は二五％にまで下がったといわれる。だが油断大敵、第一次大戦と第二次大戦で島国イギリスは輸送船をドイツの駆逐艦に撃沈され、食糧不足になり飢餓体験をする羽目になった。

そこで、飢餓状態を克服しようと、手始めに遊休地である丘陵に目をつけた。政府は助成金をつけ「丘陵地・肉牛助成事業」を考えついた。一九四三年のことである。丘陵地は標高が高く冷涼な地であり、これは条件不利地の活用でもあった。だがこれでも空腹を満たすことはできなかった。そこで、一九四七年農業保護を規定した「農業法」を制定した。これによって戸別所得補償制度（不足払い制度）を実施し農業生産の増大につとめた。一九七二年にはEUに加盟し、EUの手厚い農業政策のもと自給率回復を図った。

一九四七年に農業保護に転じたのは、「世界の工場」から滑り落ち、外貨収入が少なくなってきたことが理由でもあった。つまりイギリスが「世界の工場」として君臨したのは百年であったことを示している。その一方、こうして自給率回復につとめたが、上述のように六三％（二〇一三年）にとどまっている。これは穀物、牛肉、鶏肉など永々と栽培育成されてきた種目は農業再生により自給を達成したが、それ以外の物は農業再生が不完全で、輸入に頼っているからである。これは農業が二重構造になっていることを示している。このため今、外貨収支の半分は食料の輸入に使われているという。

これは人の国の話ではない。日本はイギリスの後をなぞっているように思えるからである。日本が「世界の工場」に突入したのは、朝鮮特需が生じた一九五〇年代がきっかけであった。朝鮮特需の後高度成長があり所得倍増政策があり、工業生産は公害を撒き散らしながら、大盛況であった。「世界の工場」の陰ではイギリスのように低賃金による極貧家庭があり、公害問題があったことを忘れてはならない。

少し脱線したが、「世界の工場」に合わせるように、日本では一九六一年に「農業基本法」が制定された。「農業基本法」はこれまでの複合経営をやめて、農業の単作、合理化、機械化の経済主義（儲ける農業）を勧めるものであった。これが「世界の工場」に突入した合図でもあった。

しかし、「世界の工場」も長続きはしなかった。一九五〇年代に「世界の工場」に突入してから七十年。

今日、貿易収支は加工貿易の収入より、投資収入の方が多くなった。これは「世界の工場」の地位を外の国（中国）に明け渡したことを意味する。そうであればいつまでも外貨収入が潤沢とはいえない。イギリスのように農業保護に転換しなければならない。

マーチャント国家・古代フェニキアの顛末

突拍子もないが、ここで思い出すのは古代地中海に展開した商人国家フェニキアの顛末である。フェニキアの顛末はどこか日本と似たところがある。

フェニキアは紀元前一三世紀頃から前八世紀にかけて地中海で活躍した。その地域は今のレバノンの領域に相当する。地形はレバノン山脈が海にまっすぐ滑り落ちるようなところに、そこだけわずか帯状に取り残された狭い土地、それがフェニキアで、沿岸に沢山の独立都市や独立植民都市を作り、生活の糧を目前の地中海に求めた。このためフェニキア人は航海術にすぐれ、この航海術を利用して地中海を駆け巡り交易を独占した。

ところが他国がうらやむほどの高い技術力や経済力を持っていながら、他国からの評判は良くなかった。次のように陰口を叩かれたという。

「フェニキア人は策略家で、儲けのためには手段を選ばないあこぎな商人であり、平気で悪いことをする金の亡者。現世利益のため幼児をいけにえにする『悪魔崇拝』に取り憑かれたとんでもない奴だ」

悪魔信仰とは、戦争などがあると「悪魔」（神）をなだめる目的で貴族が自分の子供を人身御供とする信仰である。彼等は現世利益的、利己的で大局を見失うところがあったという。

策略家というのは、カルタゴ建設にまつわる伝説にみられる。フェニキアにはエリッサという王女がいた。王女には弟と叔父がいた。弟は財産を狙って叔父を殺した。王女は弟に殺されると思いカルタゴに逃げた。王女は土地を得ようと、現地のリビア人に言った。「この牛皮と、牛皮で囲えるだけの土地を交換しましょう」相手は喜んで承諾した。ところが王女は牛皮を細かく細かく刻んで広大な土地を囲んだという。これは伝説話であるが、ここにフェニキア人の気持ちがのぞき見られる。

これらの精神風土はカルタゴに引き継がれ、カルタゴはローマとは三回のポエニ戦争（ポエニとはカルタゴ人という意味）を行った。カルタゴのハンニバル将軍は四十頭の象を連れてアルプス越えという奇襲作戦を強行したが、もう一歩のところで敗退している。ハンニバルは愛国的であっても、カルタゴの人は愛国心を失い大局的判断を失っていたからであった。

カルタゴはローマから償還期限五十年の賠償金を要求されたが、平和はカルタゴに繁栄をもたらし、わずか十年で償還した。これはローマに脅威をもたらした。ローマ元老院の演説は「カルタゴは滅ぼさねばならぬ」で結ばれるほどになった。このようにフェニキアの商業優先の倫理は周辺国家から激しく反発され、前一六二年カルタゴはローマに敗退、フェニキアは地上から消えた。

自由貿易信仰一辺倒の日本の歪み

フェニキアの話が長くなった。フェニキアを採り上げたのは、フェニキアは商人国家であり、日本も商人(マーチャント)国家であるからだ。フェニキアの商人国家はわき目もふらず交易に邁進した。その結果経済力がつきすぎ、ローマ始め周辺国に嫌われた。そしてローマに滅ぼされた。滅ぼされたのは、カルタゴ人(フェニキア人)が金儲けに目がくらんで大局を見失い、国家運営に歪みをもたらしたからだ。フェニキアがそうであれば、日本も歪みをまぬかれないでいる。

この歪みは「自由貿易信仰一辺倒」として現れている。この「自由貿易信仰一辺倒」はフェニキアの「悪魔崇拝」に相当するであろう。というのは、「自由貿易信仰一辺倒」は国家運営に歪みをもたらしたからである。

高度成長の頃日本は「エコノミック・アニマル」とか、「日本株式会社」と言われたが、滅茶苦茶働きまわる「悪魔崇拝」のせいだろう。そしてこの結果、経済構造は歪み、たとえばこの歪みは我々農民を自由貿易の人身御供にしたし、歴代の自民党政権はアメリカへの「従属」と「甘え」の中で農業をアメリカに売り飛ばしてきた。売り飛ばしたのは大企業の要求のせいでもあった。

この結果、今年(二〇一七年)九月十七日付けの日本農業新聞には信じられない事が書いてある。アメリカから「押し売り」されたミニマム・アクセス米の今の状況についてだ。今、アメリカからミニマム・アクセス米七十六万七千トンを一トン七万円で輸入し、国内に飼料用に三万円で売っているという。つまり一トン当たり四万円の赤字となる。このシステムが続く限り赤字構造は変わらないが、この結果一五年度分の赤字は五百五億円だったという。ところがこの赤字処理のため一般会計から繰り入れしたが、その分農業予算にしわ寄せがいったという。これはアメリカにおべっかを使っているからだが、これでは釣り銭にのしをつけてアメリカの機嫌をとっているようなものだ。

そこで、輸入先をアメリカの半額の値段ですむタイ米に切り替えたらどうかと日本農業新聞は提案している。この提案に同意するがそもそもミニマム・アクセス米はアメリカが安定的に輸出できるように作られた「押し売り貿易」で自由貿易とはほど遠い。だがこれをマスコミは自由貿易と言っているのだから、笑止千万だ。自由貿易を口にするのは、力の強い人であることを忘れてはならないと思う。事実、酪農家の数は海外とのセーフティーネットなしの裸の競争で、二〇〇七年の二万五千戸から今（二〇一七年）は一万五千戸に激減し、日欧ＥＰＡによるチーズ低関税化や生乳出荷先自由化への不安から、酪農家は行き先を失った感があるという。

行き先を失ったのは我々も同じである。それは格差のせいなのだ。格差問題は、今国内に深く静かに拡大している。これは明らかに政治の問題である。今、酪農民が行き先を失ったと感じているのは、日々格差問題が生み出されていることを示している。イギリスがＥＵを脱退し、アメリカがトランプを生み出したのは格差問題からであった。格差を生みだしたのは政治が悪いからであり、この格差問題は政治が解決しなければならない。格差の背景には、「改憲（の動き）、自由貿易、農政改革」の三点セットが横たわっていることに注意しなければならない。格差是正には弱者のための政党が必要だ、と思う。

そして上述の力の強い人、つまり強者とは「企業」のことである。政府は企業が農業に進出できるように政策を進めている。農政改革の一環としての「米政策改革」がそうであり、農政改革関連法がそうであり、農協改革がそうである。一連の改革を見ていると、今迄の家族農業を中心とした農政が後退し、家族農業の農政はマイナスの地点からのスタートに落とされたように感じる。特にひどいのは、「米政策改革」である。戸別所得補償を廃止し、平成二五年十二月に農林水産業・地域の活力本部で決定されたプランに基づき、政府は来年（二〇一八年）から生産調整の関与を止めることにした。

以下がその声明文だ。

「平成三〇年を目途に、行政による生産数量目標の配分に頼らずとも、国が策定する需給見通し等を踏まえつつ生産者や集荷業者・団体が中心となって円滑に需要に応じた生産が行えるよう、行政・生産者団体・現場が一体となって取り組むこと」

この声明文は、生産調整のまとめ役ができるのは政府・農水省をおいてはないのに、政府・農水省は手を引くと言っている。いったい誰が生産調整役の中心になるのか。生産調整役を放りだすのは無責任も甚だしい。政府は自給率向上から背を向け責任を放棄したとしか言いようがない。それなら今まで生産調整の業務をやっていた農水省の人員はどこに消えたのか。

今、米価が低いのは備蓄が少ないからである。勿論計画の一〇〇万トンは積みあがっているからい い。問題は回転備蓄の二〇万トンの扱いだ。二〇万トンの「入り」は食用米、「放出」は飼料米としてだ。二〇万トンを飼料米として放出するので、一応は棚上げ備蓄に似ているが、備蓄量は少ない。五〇万トンぐらいあってもいいと思う。ちなみに、小麦は二、三ヶ月の備蓄。石油は法律もあり国と民間業者の二本立てで二百日分、米は一・五ヶ月（四十五日）分と少ない。

農業再生には民主主義の再生が必要

この原稿を書いている時、衆議院の総選挙があった。ところがこの国には農業が存在しないかのように、農業問題はほとんど議論にならなかった。私はこの選挙で格差問題に注目してきた。農民は中流からその下のクラスに落とされたからである。農業は資本主義のメカニズムに合わずEUのように保護が必要なのに、安倍首相は農業をビジネスと割り切って、結局は農業を潰してきた。

ところが政界の混乱の中から立憲民主党が誕生した。これは不幸中の幸いと言える。立憲民主党の枝野党首は「下からの草の根民主主義」によって格差問題に正面から取り組んでいくと宣言した。「草の根民主主義」（自由民権）という訴えは、最近絶えて聞いたことがない話なので、この国に「世直し・世均《なら》し」の新しい風を吹かせたようで、新鮮にも心強くも感じた。この枝野の「下から」か、安倍の「上から」かの政治の対置は立派な政治対置として今後も通用するように思う。ともかくも農業再生には民主主義の再生が必要なのだ。私は民主党政権下で実施されたことのある戸別所得補償制度の復活を要求する。

民主主義の再生には企業献金を再考することも必要である。最近憲法問題が俎上に上がってきたが、一九七〇年の最高裁判決が政治献金を認めて以来、民主主義は企業献金の前でたたずんでしまった。企業献金を行うのは見返りを期待しているからであろう。これでは政治がお金によって左右されることになる。この結果、金主主義になっている。また、「かけ」「もり」に示されるように特区政治は人治主義に陥りやすい。政治には法治主義の貫徹が必要だ。民主主義や農業を再生するにはまともな政治に戻さなければならない。

最後に政府を冷やかして本稿を閉じよう。

「こうして、農業をずたずたに潰しておいて、政府はやることがないので、二〇一九年に今の四倍の一〇万トンもの米を輸出すると言っているが、『夢物語』に終わるであろう」

「『地方創生』の荷物は余りに重すぎるので、どこかに置いてきたままのようですね」

（二〇一七年十月）

（二〇一八年四月二十五日　農民文学三一七号に掲載）

日本を切り売りする自民党農政

自由貿易には落とし穴がある

今自由貿易論が花盛りだ。しかし「自由貿易」には落とし穴がある。一つは自由貿易は力の強い者、経済力のある者に適応したシステムであり、それ故、格差拡大によって民主主義の屋台骨は傾く。その例をトランプ大統領選やEUからのイギリス離脱に見た。日本でもそうだが何でも安ければいいという風潮がある。安いのを歓迎するのは、財界であり、農政を取り仕切っている農林族であろう。彼等は日欧EPAの時マスコミを使って、チーズの輸入によって家計が助かると言うことを宣伝させた。安いに越したことはないが、その奥には「賃金は労働力の価格」で決まると言う鉄則を知らないか忘れている。

つまり労働者は毎日食べ物を食べるのである。その食べ物が労働力のコストになる。だから食べ物は安いに越したことはない。財界が常に米価を下げようとするのは、こういう力学が働いているからである。だがこの結果、労働者の賃金が下がるし、弱者は踏みつけにされる。肝心の労働者は気がついていない。これでは弱者は民主主義から離反する。昨年のアメリカ大統領選挙、ＥＵからの英国の離脱は資本主義への異議申し立てと言っていいだろう。

二つ目の落とし穴は、押し売り貿易を自由貿易と言っている馬鹿さ加減である。例えば一九九三年決着のウルグアイラウンドでは、必要もないコメをミニマム・アクセス米として七六・七万トンもの輸入を押し付けられている。同じ轍をＴＰＰ11協定でも踏もうとしている。即ちＴＰＰ12でアメリカ枠として七万トン、オーストラリアに八四〇〇トンの特別枠を献上する予定であった。つまりアメリカにはミニマム・アクセス米と合わせて約八四万トンの枠を振る舞おうとした。日本から見るとこの分は休耕（生産調整）しなければならないところだ。アメリカはＴＰＰ12を脱退したので、アメリカ用特別輸入枠にとっておいた七万トンは回収すればいいものを、これをニュージーランド、オーストラリアに与えるのだと言う。これはＴＰＰ11協定はアメリカが抜けたのにＴＰＰ12枠をそのまま使うということなのだ。人のいい話だ。オーストラリアは酪農だけでなく、米も天からの牡丹餅《ぼたもち》と喜んでいるだろう。このようにミニマム・アクセス米は居場所がなく右往左往している。いずれアメリカとの二国間交渉が始まれば、特別輸入枠を献上しなければならなくなるであろう。アメリカは大食いなので今の輸入枠では間に合わないに違いない。

昨年（二〇一七年）七月に決着した日欧ＥＰＡも日本の酪農家にとって厳しい内容のものだ。合意内容は三万一千トンのチーズ輸入枠を設け、十五年後には関税を撤廃するというものだ。ＥＵはチーズ販売力を持っている。ＥＵはしたたかなのである。自由貿易で生き残るのは経済力の強いものである。何のため関税があるかと言えば、弱い産業を守るためであった。関税をなくすと言うことは、強いものが生き残るシステムを目指すことなのである。自由貿易とは格差拡大のことでもある。日本の農業は自由貿易交渉の都度、こういう強者に踏みつけられて、やせ細ってきた。しかも、TPPには恐ろしいシステムが待ち構えている。それは、「非関税障壁」の撤廃だ。多国籍企業が目指しているのは「非関税障壁」の撤廃なのである。その世界は関税に止まらず、関税以外の「障壁」をも取り払う世界である。

六二%の日本切り売り

日本列島は背骨の中心に当たるところに山脈がそびえ、大ざっぱにその地勢みるとその中心線では水稲が栽培され、その中心線から分枝した所に酪農や果樹が栽培されてきた。ところが、自由化の名目で米、牛肉オレンジがどっと輸入されたが、これらの輸入増大分はどうするか。輸入により生産の必要がなくなったのだから、土地を遊ばせておくか（単純休耕）、別のもの（別物栽培）を作る。例えば、減反のかわりに採算の合わないモチ米を作っているのはそれに相当する。しかし、ここで注意して貰いたいのは、休耕にせよ別物栽培にせよ本来の作物を作る能力があるのに他国に栽培を任せていることになる。これは国土を切り売りしているようなものだ。

なぜ「切り売り」と言えるのか。それはこうだ。輸入国になった国は、今まで輸入用作物の栽培に使っていた農地を使わなくなるので、その分輸入国では農地は不要になる。その反面、輸出国になった国は輸出分を栽培する農地が必要になる。その分、輸入国は輸出国に農地を移転すると考える。その移転は、直接の金銭授受を伴わないわけだが、例えば農産物の売買を通して農地代の決算が行われうるように、何らかの金銭の授受が行われているものと思われる。それを私は輸入国の「農地切り売り」と称するのである。要するに、輸入国では農地が使われなくなり、次第に農地は形骸化してくる。つまり、日本のために役にたっていないという点で「形骸化」も「切り売り」も同じことを言っており、「形骸化」と「切り売り」は同意語である。

ところで、なぜ貿易会議をやらねばならないのか。我々にとって貿易は必要に応じて、やりとりすればいい。「初めから貿易ありき」では我々にとって自由貿易は「過ぎたるは及ばざるがごとし」になってしまう。車産業のように貿易で成り立っている業種は貿易会議は必要であろう。あまり必要でもない農業にとって貿易会議は車産業から「道ずれ」にされ「人身御供」にされるのが落ちだ。しかも、自由貿易交渉の都度日本の農業はやせ細ってきた。今ではもう穀類を作れないところまで日本の農業は追い詰められた。それならなにも無理してこんな会議に参加しなければいいだろう。そうすれば「道ずれ」も「人身御供」も免れたであろう。

しかし自由貿易であろうが、押し売り貿易であろうが、農産物の輸入は日本に農産物生産の休止を迫り、休止による虫食い状態により日本列島を残骸化し、残骸列島に貶《おとし》められようとし、実際に貶められている。残がいとは限界集落であり、過疎地であり、今や人の住んでいないかつての集落跡地である。

今自給率が三八％ということは残り六二％分は、農地（日本）を切り売りしてそこで他国の人が日本人から買い取った土地で、日本人用の食糧を作っていることと同じになる。自給率が下がるのは、農業生産が縮小、衰退しているからである。

私は、今の農業のありようを、人知れず心配している。心配しているのは農業の足元がふらついて、しっかり立てない時が来るのでないかと思うからである。今かろうじて米生産が安定しているのは飼料用米政策があるからだ。そういう点でコメ農家としても酪農家が元気かどうかは気になる。つまり、今の畜産、酪農が衰退すれば飼料用米政策も破綻しかねないのだ。

ところが今の酪農はＥＵ並みの規模（約八十頭／戸＝北海道・都府県＝四十頭）なのに、廃業する人が多いと言う。補助金が少ないからである。畜産や酪農がつぶれれば、飼料用米は不要となり、転作助成は何も無くなる。かつては酪農家は沢山いた。いまはどうか。少なくなって不安定だ。このきゃしゃな農業システムはいつまで続くのか。自民党はこれまでも農民に寄り添わない態度を見せてきたので心配である。案の定財政制度審議会は飼料用米による転作を過度に誘導しているとか全国一律の単価はおかしいと文句をつけている。そうかと思えば、ＴＰＰ11の衆議院の審議時間はたったの六時間、この話を聞いて農業問題は存在感がないようだとがっかりした。

（二〇一八年六月四日）

再び、ムラ論　――X年X日の日記帳より

その一　――農地を売る時

大塚久雄はイギリスのように、農村（共同体）は分解して近代化すべきとしたが、日本はそうならなかった。今でも残骸というか空洞化したのに、ムラはかろうじて残っている。畑（イギリス）と田（日本）の違いだろうか。水田の水は協調して使い、個々人に区切っては使えないからか。ただ、勿論大塚の「近代主義」に対して、農地はムラのものという意識が農民には強い。それ故、農民たちのムラ的連帯の積極性を生かし、新しい土地所有と利用の仕組みを考えることの可能性があった。近代化論者の多かった当時、この考えに気がつかなかったようだ。

ムラの人は農地を売る時、兄、弟、親戚に売り、ムラの外の人には売らないと本には書いてある。場合によっては家族会議までやると言う。大潟村でも宗教団体に売った以外は村内売買。家族会議の話はU氏、H氏の所であったと言うことを聞いた。

その二　――農業の根本のところは何か

「なぜ自分の仕事を犠牲にして、農民運動をやるのか」という質問をたびたび受けたことがあった。私は答えて曰く、

「明治の初め地主階級である『老農』は小作人と一緒になって、明渠《めいきょ》を掘ったりした。土地の生産力が高まり、入ってくる小作料が多くなるからである。この一体感（区切って区切られないもの、繋がり）は同じ水系の人がまとまって、隣の水系の人と闘うのに似ている。私の場合、日本の農業が良くなれば、自分も利益を得るということがある。日本の農業との一体性の中で、自分の生産と生活を良くして行くという気持ちがある。農民運動をしている人は、村全体、日本農業全体の利益と自分の利益は分かち難い一体感があるのでないか」

しかしそれだけではない。確かに、農業という事の中には生活の仕方、生き方、価値観といったものが隠されていよう。それは、農業そのものの持つ歴史性、特性によるのかもしれない。農業は奥行きがあるようだ。農業を生活の中でどう位置づけるのか。

「それだけでない」と言ったが、自分の死生観にも関係しているようだ。ブリュッセルに米自由化反対で行ったり、ローマの食糧サミット集会に行ったりする時、汽車に乗りながらなぜこんなことをしているのだろうと考えていると、自分の死生観が浮かび上がってきた。

結局、人間は農産物を商品として作っているのでなくて、自分の生命の糧《かて》というか、地球の生命の

リズムの中で作っている。それ故、そういう生活が壊されようとしていることには、とても耐えきれない。そこで、生命のリズムを守りたくて運動をやっているようだ。そして、その運動をやっているかぎり安らぎがある。

「昭和五〇年の青刈り騒動と五三年のヤミ米騒動の違いは何か」という質問があった。私は答えて曰く、

「五〇年は人間性、政治性を闘いの中で垣間見せた。だから、彼らは一人一人戦士としての顔が思い出される。戦士になったのは農民組合（O氏系）の人であり、闘わなかったM氏派は顔が見えない」

「五三年は五〇年と全く違った地点に立っていた。隣も植えるからおれも植える。隣も刈るから、おれも刈る。つまり、ムラに寄りかかっているので、一人ひとりの顔は見えなくなった。ヤミ米は笠信太郎の言う花見酒のようなもので、酔っている時は気持が大きくなるが、酔いがさめると『何だったか』と気がつく。ヤミ米派は五二年頃から花見酒に浮かれているうちに、食管法まで潰してしまった。〝人間〟（人間性、政治性）を失わせてしまったからである」

その三　――ムラの様子

ムラ

「沈黙――目と耳は働かせるが、口は閉じておく」

なぜか。答え、

「政策を変えるのでなく、大勢の動きをジッと見て、それに従う」

「そのため、自己決定できない」

なぜか。

「かつて地主様への温情を期待したように、農水省直結の村として、国への甘え——それは母親と子供の関係」

それ故、

「政策を替えるのでなく、大勢の動きに合わせる」

「ムラには主体性もなく、始めも終りもなく円環運動をしている（加藤周一）」

しかしムラは生き物なのである。青刈り反対からヤミ米に変わったのは——抵抗権の行使（歴史に対する主体性）から国への甘えに変わったから。それ故、国の強権と駄々子が向き合っているように見える。

なぜ、秩父事件は、「事件」になったのか。

「はじめムラというフィルターで農政を見て、その後ムラ人個々人が、ムラを超えて政府に直接向き合ったから」

従って、そこには国の温情が裏切られたと言う気持ちも働いただろうが、感情・情動を捨てて、国の政策の良し悪しを見たから、あのような運動になったのであろう。

その四　――ヤミ米をどう見るか

ヤミ米には、下地（十五ヘクタール規模）があり、きっかけ（生産調整）があり、その他の原因があった。その他の原因をあげつらうのは簡単でない。色々の説を拾って見る。

魁《さきがけ》新報のFさんは、「あそこは皆で開拓したのでないから、柳田国男の言うように、開拓に当たっての掟、約束ごとはない。だから農地は工場のようなもので、十五ヘクタールあるのに操短にあったようなものだから、それを嫌ってヤミ米に走ったのだ」と指摘した。これは、私があそこに「ムラ」が生まれたのだという主張に対して、強い口調で私に言い返したことである。

東北学院大学名誉教授のI氏も柳田国男に就いて詳しく、ムラ（共同体）は、皆で一緒に労働してこそ成り立つと言っている。

大塚久雄の孫弟子に当たるO先生は、「あれは事業者集団だ」と言っている。この話からは、イギリス流の富農とプロレタリアの両極分解を思い出す。

農民作家の薄井清さんを訪ね、この話をしたら即座に、「そんなにみみっちいものでない。ムラができたのだ」と言われた。確かに薄井清さんの住む辺名部落は、きだみのるが『気違い部落周游紀行』を書いたところだ。辺名部落の人にとって「開拓したのでなく代々そこに生まれ、育ち、ムラというのは空気のようなものであったであろう。そこで、ムラを平和にしないと生産も生活も順調にいかないので、掟、制裁のようなものが生まれてきたのかもしれない。私は仙台郊外の深沼に住んでいる時

（昭和二一年～二三年）、ムラ人は殆どお金を使わないで、協力し合って生活しているのを見た。深沼は仙台市内に近く、辺名部落のように閉鎖的でなく、開放的であったが、親戚、仲間同士が一緒に労働しているのを見た。これは、社会の「地域主体」がお金でなく、ユイであったからであろう。それ故に深沼の生活は何か体にベトつくように感じられたが、それは人間関係が濃密であったことからきたのであろう。

今は商品経済が、ムラの中に入りこみ、ムラを空洞化させてしまった。ヤミ米派はその商品経済に対応したとも考えられる。大潟村の地域主体は、「大潟村あきたこまち生産者協会」「（株）大潟村同友会」「（株）農友」「（株）カントリー・エレベータ公社」等が担っているかに見える。しかし、空洞化しながら全国の農民はどうして生産調整を守ろうとしたのか。目先の金もうけというみみっちいことを避けようとしたのか。それとも大きな決まりごとは、オカミから降ってきて、これは変更しえない与件のようなものだし、隣もやっているから、逆らえないという感覚があるからなのか。あるいはそこに過剰生産を避けようという米価安定の意識があるのか。それとも国への一種のぶらさがり意識があるのか。酪農学園大学名誉教授の桜井豊氏は怒りと励ましの気持ちを込めて、次のように言う。「農家は信念と勇気と学問をもって立ち上がるに至らない。恐ろしい話だ」（『食糧ゼロ大国』）。とは言え、私は大潟村のヤミ米は倒錯したムラであっても、やはり大潟村にムラができたのだと思っている。

その五　──生き方に悩む

人は迷った時、宗教か農業に行く。農業に行くのは、大地が人間の出発点であり、生活の基盤だからだ。大地は偉大なホスピタリティーなのだ。

求道者島木健作の『生活の探究』は出版当時ベストセラーになったという。それほど農業が身近であったのであろう。今、農業は忘れられた存在だ。オウム真理教に向かった若者たちのことまでも考えてしまう。

私にとって行くべき道に勇気を与えたのは、『石狩川』『中国の赤い星』『生活の探究』であった。大学四年の時の襖張り行脚は、自己発見のための求道の旅であった。そこには、「俺はただの人間で終わりたくない。世の中を見直してやりたい。そして、四十九歳で死んでいった母の死を生かしてやりたい」という根柢の気持ちがあった。母の死を生かすことが、母の無念を晴らす方法だと言う気持ちがあった。

この根柢の気持に農業への動機が生まれた（かさなりあった）

田園まさに荒れなんとすへの反発

弱肉強食への反発

社会的悲憤と私的悲憤が重なり合った

そして、『中国紅軍物語』を夢中になって読むうちに、日本人一般は世間体に合わせて行動したが、自分は神というか天との関係で自分を見、行動するようになった。

（二〇一四年四月二十四日）

詩　五編

赤トンボ

あっ、また飛んだ。
コンバインが黄金波うつ稲田に分け入っていくと、
コンバインの音に驚いたかのように、
イナゴが次々と右往左往し、
飛び散る。
一層大きくなった目は、この先どうしたらいいか不安げだ。
だが、
赤トンボだけは、
一斉に驚いたように舞い上がり
千手観音菩薩のように羽を無数に羽ばたき
作業機が通りすぎると
スット稲の葉に舞い降り、稲の葉に吸いつく
そして
何もなかったかのような顔をしている

颪

黄一色の
　穂波の稲田を大海原のように
風が通り過ぎ
波が右に左に、下に上にと大きく揺れながら、
　明と暗の陰影を作るとき、
　颪の精を想い、
感謝のひとときを知る

自然の音楽

快晴の青空のもと
秋風がそよそよと吹き、
黄色に熟した稲が
わずかに揺れながら
　稲穂同士
こすれあい、

かすかにカラカラという音に混じって
サラサラという音を奏でる時、
「自然」の音楽を感じる。

（二〇〇七年十月二十七日）

大地の黙示録

春を迎えた大潟村には、昨年の刈り跡に整然とした切株を乗せた大地がどこまでも続いています。空にはやさしい陽光が大地を照らしています。

その大地は一つの切株を境に、大地が天空と交わるように連なっています。

また大地と地表の間からかげろうが揺らぎ、やがてそれは地表の大気と混じり合って、水蒸気となり天空に駆け抜けて行きます。天空に連なる大地も蒸散の「地表現象」（昭和初期の風土地理学者・三沢勝衛の言葉）もただそこにあるだけです。

遥かかなたの地上には豆粒のようなものが、うごめいています。豆粒に見えたのは、トラクターだったのです。トラクターは黙々と大地を耕し、人々の営為のあることを感じさせます。人々は先祖がそうしたであろうように、自然と共に黙々と大地に黙示録を書いていたのです。


（ミレーの絵を見て）

豆つぶの農民

私は汽車に乗った
汽車は外の風景を掻き分けて進む

車窓から外の風景を
見るとはなしに見ていると
窓外の風景に吸い込まれる

すると
広大な面積の大豆畑、麦畑に混じって
草ぼうぼうの耕作放棄地が目に飛び込んできた
広大な畑が広がっていたのは
生産調整が厳しくなったからであろう

畑で働いている老人は
何か大きな影の圧力におびえるかのように
小さくなって働いているように見える

昨日の牛肉・オレンジ交渉が譲歩に譲歩を重ね
殆ど即時自由化で妥結し
次はコメの自由化の番だと言う状況の中では
この農村風景は
その豆つぶのように背を丸めて働く
農民の姿に似て胸をしめつけられる

けさ家を出がけに見た
カナダトロントサミットでの
レーガンのしてやったりという晴れがましいテレビ姿を
思い浮かべると
なを一層やり切れない

（一九八八年六月二十日）

第Ⅲ部

戦争と植民地をめぐって

満洲国法庫の社宅前で。右から母きえと当時七ヵ月の著者、父源吉、叔父の海野市之介（1941 年 10 月 31 日）

〔序〕植民地人としての「献身」

伯父泰蔵は台湾で、父は台湾—朝鮮—満洲と植民地人として渡り歩いた。二人に台湾、満洲はどう映ったのだろうか。二人とも植民地経営に対して献身的に働いた。例えば、泰蔵伯父は嘉義消防署設立にかかわったこともあって、これを我が子のようにかわいがった。源吉の場合は現地に溶け込んで、現地人と仲良くなることを初めての赴任の時心に誓った。そして、伯父も父も台湾や満洲に骨を埋めるつもりであった。ここに国策のもと、植民地人として献身的に生きた日本人を見る様な気がする。

しかし複雑な思いも残る。

台湾には植民地五十年の歴史がある。初期の児玉総督、佐久間総督の十五年間は、大規模な住民の反抗と鎮圧があった。平定十五年後、理蕃政策もうまく行ったと思っていたところ霧社事件が起きている。その同じ年（一九三〇年）近代化の一環として烏山島ダム（八田ダム）が完成している。一九三一年満洲では満洲事変が起きている。ダムと民族蜂起の落差。これも台湾の歴史の実相である。

台湾の伯父も理蕃政策の大きな柱である生蕃警察をやったことがあるので霧社事件と無関係ではない。父は昭和製糖時代マラリアにかかっているが、当時の台湾は風土病の巣窟と言われ、その内でもマラリアがひどかった。領有後の台湾経営の最初の事業は病院建設であった。医療事業では内務省衛生局長の後藤新平が活躍し、台湾医療の基礎を作った。台湾・満洲国植民地の近代化には二面性がある。一つは日本による民族支配の事実であり、もう一つは日本が残していった有効なインフラである。

歴史は地層のように積み重なっているともいえる。その地層の中に埋もれたものも含めて、悪いは悪い、良いは良いとして評価するのが歴史ではないか。

期せずして泰蔵伯父と父源吉を、並び書くことになった。併せて、歴史認識に関わるふたつの読後感を紹介したい。

「流転坊」の父
――日本人の膨張と縮小に重なる個人史

信玄袋をかついで

父源吉が折にふれて口にした事は、おれは「流転坊」だったなと回顧することである。

しかし、このことを口にする時、半分は誇らしげな表情をし、半分は悔しそうな表情をするのが常だった。なるほど父の一生を回顧して見ると、十七歳で信玄袋をかついで、台湾の泰蔵伯父を頼って渡台し、その後―東京―朝鮮―満洲―シベリア抑留―仙台―大潟村と流転している。それは日本人の民族膨張と縮小に重なり合う個人史でもあった。

父源吉と高校生の著者（1959 年）

源吉は明治四四年五月二十五日、奥羽山脈真昼山西麓の旧農家の四男として生まれた。当時は出生届をわざわざ生まれた時に届けずに、役場に行く用事があるついでに届けたので生まれと届け出は一致しない。源吉は二月生まれなので、二月に届を出していれば、五月でなく二月誕生になったと思われる。

ともあれ大正七年四月、隣町の美郷町六郷東根尋常小学校に越境入学、四年後の三月、同小学校四学年終了。同年四月、畑屋村金沢東根尋常小学校五学年に転校。大正一三年三月、六学年卒業。ところが、六学年三学期の二月中旬、猛烈な悪性流行感冒におかされ遂に学期末考査も受験できなくなった。病床のまま卒業した。当時、金沢東根尋常小学校で代用教員をやっていた三兄の源三郎（後に秋田師範学校卒業）が、卒業証書、成績品とか持ち帰り弟である源吉の枕辺に並べてくれた。四月頃健康を取り戻し、隣町の六郷町尋常高等小学校高等科一学年に入学した。

泰蔵兄を頼って台湾の学校へ進学

さて源吉は高等小学校在学中、秋田師範と角館中学校を受験し師範は落選、中学校は合格した。ところが長兄久太郎が家の実権を握りつつあり、久太郎はしまり屋で余計なお金を使いたくない。そのため源吉の父金五郎と久太郎の間で家庭不和。源吉は角館中学校への入学を断念した。金五郎は断念の話を聞いて涙を流しながら源吉を慰め、親としての心境を語ってくれた。金五郎と久太郎の間の意見の相違を知った泰蔵兄は、源吉を中学校に入学させるようにという手紙をよこした。さらに電報もよこし、そこには入学費用として月々三十円送金するから、是非希望校に入学させて欲しいという気持ちも述べてあった。ところがこの時すでに、中学校は入学取り消しをしたばかりで、入学は諦めるしかなかった。とはいえ燃える如き向学心を断つことできず、憂憤に耐えながら家事手伝いで烏兎《うと》を過ごしていた。

だがこの時(大正一五年)六月、幸いなことに泰蔵兄が警視庁に消防聴講生勤務状況視察のため東京、大阪に出張を命ぜられ、日本に来た。この機会を利用し、泰蔵は東根金沢の坂本家に帰省した。そして、源吉の一身上のことについて父金五郎と源吉を交えて相談があり、泰蔵の責任で源吉を台湾に呼び寄せ台湾の中学校に入学させることに決まった。泰蔵のこの話に金五郎も源吉も大喜びであった。泰蔵は公務のため一足先に上京した。

希望に燃える十六歳の少年は、父金五郎に見送られ後三年駅で別れたのは、昭和二年十月中旬秋の刈り取りも終りの頃であった。翌朝あこがれの都上野駅に着いた。泰蔵兄はすでに迎えに来ていた。二～三日帝都を遊覧した。その中で両国蔵前国技館の相撲見物もした。泰蔵は相撲が好きであった。次は大阪での泰蔵の用務も終え神戸港より乗船三泊四日にて図南の国基隆《キールン》に着いた。台湾を南下する形で、台北、台中を見物しながら、泰蔵一家の住いのある台湾中央部に位置する嘉義《カギ》に着いた。基隆上陸以来見るもの聞くもの異国情緒にあふれ、台湾人の素足で歩く姿や籠に子供を入れて天秤で担ぎ歩く婦人、子供の泣き声が違うのを笑って泰蔵兄にたしなめられたりした。

嘉義農林学校に入学

翌年の昭和三年三月嘉義市にある台南州立嘉義農林学校に合格。しかし、台湾の食事は三度に三度、油と肉攻めで閉口した。一方夢うつつに望郷の念禁じあたわざるものがあった。そこで幾度か中退を口にしたが、そのたび泰蔵兄にたしなめられた。五年の歳月はあっという間に去り、嘉義農林学校を卒業した。この間学年ごとに修学旅行があり霧社方面の修学旅行は思い出が深い。霧社（蕃社）への旅行は昭和四年で二学年の秋であった。霧社は台湾山脈中央海抜一千メートルの高地にある。のどかで霧社桜の名できこえがあり、風景に恵まれた蕃社である。道で会う蕃人（高砂族）たちに流暢な日本語で挨拶され驚かされた。日本人小学校、台湾人学校、警察分室、郵便局、物々交換、診療所などのあるこの辺が蕃界の中心であった。だが修学旅行の翌年（昭和五年＝一九三〇年）、この蕃社は日本人小学校の運動会の日、タイヤル族が蜂起したのである。事件勃発をラジオで聞いた時、源吉はあの霧社がと驚天動地の気持であった。

遠き地にて父の悲報を聞く

嘉義農林学校の霧社旅行よりさらに思い出深いのは、四学年（昭和六年）の時の修学旅行であった。大和丸で基隆港を出帆。果てしなき洋々たる海原を航行すること二泊三日、下関上陸。三週間かけて関西の名所旧跡をめぐった。自由行動の時は朝鮮の三兄である源三郎を訪ねた。その後郷里秋田へ一路帰郷。五年ぶりに父母にあった。しかし、父は病床の身。母は看護のせいか疲労衰弱。この様子を見て、「あゝ、何の因果あって父母、兄弟と分かれ幾千海里の遠き見知らぬかの地に学びの身となりたるか」と、一人涙した。

なお源三郎は、敗戦後帰国を急いだため乗っていた船が日本海を浮遊していた魚雷と衝突、一家七人は全滅した。たまたま源三郎の名前の付いた荷物を拾い保管しいていた九州の人より取りにきてくれと言う電報あり、久太郎が戦後の超人的に込み合う国鉄にやっと乗り込み、荷物を回収している。

話を戻そう。この年（昭和六年）七月、母校の嘉義農林学校は、全国中学校野球大会で台湾を代表して甲子園に出場。準優勝に輝いた。全国の野球ファンに嘉農の名をとどろかせた。かつ嘉義市の存在が内地で再認識されたことは嬉しかった。なお二〇一三年にKANO（嘉農）のタイトルで、嘉義農林学校野球部の活躍ぶりが台湾で映画化され日本でも公開された。

五年生のある日、第四時限の国語の授業中、中野教諭は講義を中止し、源吉に対して「今お宅から父君死去の電話があった。よって帰宅するように」と言われた。その瞬間顔ほてり、頭ぼうとして自失したように覚えた。取るもの取りあえず、そうそうにカバンを脇に抱え先生に挨拶し帰宅した。泰蔵兄はにわか作りの机に仏壇を据え冥福を祈っていた。一葉の電報に託せる父の訃報は実感伴わない悲報ではあっても文明の通信を心から信じ、父の死を悔い悼んだ。せめて学校を卒業するまで健在であることを念じていたが、結局昨年の帰郷が最後の別れになったのだなと、しみじみ身にしみた。

台湾は第二の故郷

農林学校卒業前後、泰蔵兄就職のことで心痛され、一、二の就職口示して、しきりに就職を勧められた。しかし、上級学校への進学もだしがたく兄の意にそむき、卒業してから三ヶ月後の昭和八年七月泰蔵兄や友人に見送られ、嘉義駅を後に一路郷里へ帰国の途についた。皆の見送りを受けた時、良き隣人に会えたと思うと台湾の想い出が重なって、チラッと台湾は第二の故郷だなと思った。

自分、今家に帰り、この大きな家のどこか片隅に今なお父存命する様な気がする。けれども屋敷墓には、墓標鮮やかに「寛量院温厚徳善居子昭和七年十月二十三日没」と卒塔婆盛り土新しく立ててあるのを見て、再びわが心に父の他界を言い聞かせ、せめて臨終葬儀立ち会えればなと痛恨の気持ちに襲われた。

生家にも長居できず、源三郎兄を頼って朝鮮に行く。そこで受験勉強に取り組んだ。泰蔵兄は経済的理由から源吉の進学を反対しているようだった。年の暮には嘉義の泰蔵兄より昭和製糖の母校推薦で就職するように取り計らうので、源吉の希望はどうかという返信料つきの電報がきた。源三郎兄夫婦と相談した結果、再度渡台することにした。

帰嘉。すぐに兄、嘉義農林学校に挨拶。昭和製糖と面接、即採用決定。昭和九年一月より昭和製糖に赴任した。仕事の内容は工場の糖度と土壌の分析であった。ところが農場巡回調査中八月ころ猛烈な黄疸マラリアに冒され、夜四人のクーリーがかつぐ台湾駕篭に乗せられ、唸りながら会社に運ばれた。一ケ月台南病院に入院した。この頃から再び向学心再燃、上京を決意した。昭和製糖の上司の慰留も聞かず、辞職、苦学の決意抱き飄然《ひょうぜん》と台湾を去った。

鉄砲玉のように荒っぽい性格

源吉は子供の頃、村の餓鬼大将であった。よく野原で棒きれや板切れであつらえた鉄砲剣を持って両軍に分かれ、日英陣取りごっこや徒競争、相撲に夢中であった。山に行けば山菜を採り、川に行けば魚獲りにこれまた夢中であった。

子供の私から見た父源吉はどういう性格の持ち主か。頑固、律義で優しいが、荒っぽい性格―その荒っぽさは鉄砲玉のようだ―の人と言えそうだ。どういう風に荒っぽいか。新京（長春）にいた時、酔っぱらって市電のレールを枕にして寝込み、市電を止めた武勇談があるかと思うと、新民県興農合作社では同興農合作社の機構改革を巡るいざこざで上役の課長と喧嘩になり灰皿を投げつけたこともある。喧嘩の理由は人事問題だが、興農合作社は農事合作社と金融合作社が合併してできた合併会社で、合併会社は人事のことで問題が起りやすいと言われる。しかしこの喧嘩が原因で、源吉は新民県興農合作社を昭和一八年四月から一年間休職の貧乏くじを引いている。まだある。海外からの引き揚げ者は役場とか税務署などの固い勤め先を優先的に配分されたが、源吉は面接の時、宮城県庁の役人と喧嘩して勤め先を棒に振っている。

源吉の硬直した態度について、宮城県庁の就職試験に落ちた日、母きえは解説した。「あの人は海外生活が長く、大陸で暮らした人は大陸の雄大な景観を見なれていて気持ちが大きくなっているの。だから大陸で暮らした人は内地の人より人間が優れていると思っているらしいの。県庁の職員を下に見ているから喧嘩になったのかもしれないね」

母のきえはここで口をもぐもぐさせた。

「どうしたの」と聞くと、裁縫箱の底から「ほれ！」と勢いよく、小ぶりの、芸者が着物姿で写った小さな写真をパッと目の前に広げると、またパッともとの所に収めた。私の高校の頃の話だ。きえは言う。

「満洲から一切の写真は持ち帰り禁止であったが、これだけは見つからないように苦心して持ち帰ったの」

そこには女の執念を感じさせた。美人でないので「美人でないね」と言ったがそんなことはどうでもよかったらしい。きえが死んだ時大雪で電話不通。雪道を親戚に知らせに行って帰ると家の中はきれいに掃き清められて、あの写真も始末したらしい。掃き清められた事の中に源吉の律義さを感じた。

さすらいの東京

東京に出たのはいいが、知り合いがいない。どうするか。源吉には少し柔道の覚えがあった。そこで郷里の金沢村から講道館で活躍している人を捜し、その伝《つて》でとりあえず、昭和一〇年四月より加納治五郎寮の寮生になった。そしていよいよ杉並区松原の明治大学予科に通った。予科通学は同時に苦学の始まりでもあった。

十月の末過労のせいか病に倒れた。病魔と貧苦の幾月かを過ごした。幸い健康を取り戻したものの苦学生を全うするぞと言う初めの心意気は薄れ、ともすれば書物を捨て、ただ生きんがためパンを求めてさまよった。現実の重圧に押し潰されたのだ。ついに学校をやめ、新聞配達、鍍金《めっき》会社の社員として一日一円の路銀を得るのに真剣な闘いが続いた。職業紹介所の門をたたいて見たが、無縁だった。講道館の知人に相談したところ鈴木秋田市長を知っている。紹介状を書いてもいいとのことで、長兄の久太郎に伺ったところ反対され断念した。

翌昭和一一年二月二十六日の朝二・二六事件勃発。この朝は珍しく降雪。近衛兵第三連隊の千四百名がクーデターを起こしたものである。源吉は二・二六事件の前夜ドイツオリンピック大会に出場する友人の壮行会を行い、友人宅に泊まり、朝下宿の帰りに号外で二・二六事件を知った。市民はかたずをのんで事件の推移を見守った。四年前にも五・一五事件がおきたが兵士の多くは農村出身であり、農民の困窮を農民兵士から伝え聞いた将校が同情してクーデターを起こした。その意味では両事件は農業の曲がり角を訴えていたとも考えられる。だが両事件の結果陸軍の発言力が強くなり、日本は歪んでいった。太平洋戦争の敗戦はすでにこの時芽生えていたと言う人もいる。

一方、身の上を案じる泰蔵兄からたびたび手紙が来た。朝鮮で就職すべしと言う内容であった。心身ともに疲れ切った源吉は、学問への憧れも帝都生活にも最後の見切りをつけ、東京より朝鮮へと向かった。

魅力なき朝鮮

全羅南道羅州郡旺谷。ここが三兄源三郎の住所である。昭和一一年三月中旬、小学校に勤めていた源三郎兄にまたもや世話になることになった。朝鮮で暮らしていけるよう源吉は源三郎兄から毎月二十五円貰った。試験場では一応面接試験あり、面接官の場長は源吉の履歴書を見ながら、「随分親兄弟を泣かしたね、席が温まらないね」といわれた。

その通りでこの言葉はそば痒《かゆ》かった。場長に朝鮮で落ち着くには、土地の技術を習得しておいた方がいいと言われ、一からやり直すつもりで、リュックを背負って上級技師のあとについて全道を廻り、朝鮮人旅館や農家に泊ったものである。

だが、初めなれないうちは、あのセンベイ布団でオンドルに寝るのは馴染めなかった。しかもこの国には風呂と言うものがない。疲れも癒されない。食事も口に合わない。

その上この国の人は、民族的意識が強く、反日感情の強いことを肌で感じた。せめてもの慰めは、朝鮮漬けがオツな味がして、台湾料理よりなじみやすいことであった。

朝鮮での役所生活四年にもそろそろ嫌けがさしてきた。そこで、満洲国農事合作社職員募集の官報を見て応募、受験のため秘かに京城に行った。昭和一四年四月初め採用通知が届いた。辞表を提出。満洲国に向かった。が、さすが未知の国。不安を抱いていたところ奉天に郷里金沢のいとこがいた。心強かった。

いよいよ渡満。日本中が満洲大陸進出ムードにあふれていたご時世で、私服刑事さえ、車中で「あなたも満洲に行くのですか」と冷やかされた。

列車は鴨緑江を境とし、白衣の半島人から紺一色の満洲人に変わった。列車警備員の物々しい光景、全て奇異に感じた。翌朝九時頃、列車は定刻通り鐘を鳴らしつつ奉天（瀋陽）駅に滑り着いた。極寒の満洲はその建築構造も内地朝鮮とはすっかり趣を異にしておりいささか戸惑った。

さあやるぞ！

奉天に着いた翌日奉天省公署（役場）実業庁へ出頭し、採用通知書を提示した。任地は法庫県農事合作社と決まる。任地の概況を聞き着任に向かう。着任は昭和一四年五月十一日となった。農事合作社とは日本の農協のようなものだ。ちなみに合作社とは中国語であり、日本語に直すと組合と言う意味になる。なぜ満洲国に農協か。満洲国は植民地であったとしても、曲りなりに近代国家であったので農協は国家にとって無くてはならないものであった。興農合作社は、満洲国の必須の要求として誕生したのである。事実興農合作社は満洲国政府、協和会（五族協和の推進機関）と並んで、満洲国を基底から支える三本の柱の一つであったのである。

法庫は鉄嶺を去ること六十キロ。西北の僻地。見渡す限り平原と丘陵を一直線に走るバスの乗客となる。源吉以外は満人（中国人）。盛んに語り合う彼らの話し声は全くチンプンカンプン。のみならず身に寒さを感ずる淋しさであった。三時間で目的地法庫県農事合作社に着く。日系、満系職員にあいさつする。この時、言語風俗習慣の異なる原住民や複合民族と今後苦楽を共にし、一生懸命やるぞと心に誓った。なお法庫街は人口四万人。かつてこの地は経済の中心地として栄えたが、その後、満鉄沿線駅で大豆、高粱が集積されるようになって寂れた今日の姿になった。法庫には日系人三百人が住んでいた。その中に国民高等学校があり、祝日の日、校庭に翩翻《へんぽん》と日の丸の国旗がたなびき、満人学生の唱和せる君が代のリズムを耳にし、とめども無く涙が流れるのであった。

法庫は乃木将軍が駐屯したところとして有名である。有名にしたのは法庫には病院がなく、そこで野戦病院を住民にも開放したからである。その徳をたたえ今日、乃木病院と言われている。将軍は満人家屋に居住し毎日読書にふけったと言われる。昭和一五年の秋日本人の総意により乃木将軍を祭神とする法庫県神社建立。源吉もその式典に参列の栄に浴した。

着任早々、綿花耕作状況並びに資金貸し付けを兼ねて現地へ出張した。現場は六十満里（日本里の一里が満里六里）先の葉茂台村公署である。社専用車に乗り、噂に聞きし黄塵の中をエンジン音のうなり音と共に走る。国土の広大なこと真に日本内地、朝鮮の比にあらず。地平線の彼方に点滅している村落は、かつて噂に聞き夢に想像したこと。それが今実践者となりいささか英雄気取りとなる。我々日系人の一挙手一投足が満洲国住民三千万の人びとの信望にかかっており、ひいては日満両国親善にも関与する自覚を意識し、農民運動を通じ満洲国開発に貢献しようと肝に銘じた。

合作社事業の一環として、満洲種子配布事業があった。その本来の目的達成には並々ならぬ苦労をした。七月上旬（昭和一四年）二十六か村の村長引率、南満地方の先進地農事視察のため、奉天、海上、遼陽、蓋年、瓦房店、熊岳城、大連、旅順に出張した。

満洲国は、この国の農業をさらに高度化させるため、農事合作社と金融合作社を統合改組することになった。このため、昭和一四年中は基本調査の準備に追われ、夢の間に歳月は過ぎた。

昭和一五年新年早々、肺浸潤で倒れ、鉄嶺市の満鉄病院に一か月入院した。異国のみ空に独り病と闘うのは、ただただ孤独を感じさせられた。幸い、四月上旬、五旬の休暇を得て、秋田で結婚式を挙げ、仙台を経由して、転地療養中の源三郎兄を和歌山に見舞い、大阪、釜山、京城（京城で下車し見物、南大門前で写真撮影）、奉天に着く。翌日、合作社に電話し新婚の荷物と一緒にトラックで法庫に向かう。大陸の夕日は早い。途中ですっかり日が落ち、法庫の社宅に着いた時は闇夜の世界と化していた。

前に述べたように、源吉は昭和一八年四月新民県興農合作を退職し、一年後の一九年五月二十五日に新京（長春）にある興農合作社中央会農産課技師として復職している。退職した年に二男が生まれ、復職の十月には三男が生まれる予定になっていて、一九年は貯金も底をつき生活は苦しかった。きえが彼女の弟多祐《たすけ》にあてて書いた手紙が残っている。その辺のことが分かる。

海野多祐　様
その後此方も一同元気に過ごして居ります、ご安心ください。去る五月二十五日主人は再び興農合作社入りをしました。……全満至るところ住宅難で又暫く別居生活。主人のみ合宿生活を始めました。……休職一ヶ年、同輩より遅れを取りましたが、私もやれ〱ほっといたしました。反対切ってここの加茂製作所に勤めましたが、わずか二〜三ヶ月で失敗いたしました。今までの蓄えもすっかり使い果たし、咋今は本当に貧乏暮らしで漸く生きているようなものです。あなたの勉強のお手伝いも一度も出来ずお恥ずかしい次第です。今度は期待にそひたいと念じて居ります。今度は主人も全力で仕事に打ち込むつもりで居りますので、内地帰郷は出来ないかと思います。あなたも兵役までの短い期間を有効に修養して下さい。御家内様に宜しくお伝えください。甘酒を作り皆ですすっている様子が見える様でたまらくなります。

きえ

暗雲垂れこめる

昭和一五年暮れ、きえ初出産のため源吉はきえの生家である仙台荒浜まできえを送る。荒浜を辞して単身帰郷する。昭和一六年三月長男出産の報に接する。時局は日一日と急迫を告げ、一般人の旅行も制限され、六月頃より関特演（関東軍特殊演習）の大動員に直面。そのため妻も帰満には大変苦労した様子であった。色々苦心の末十月二十五日義兄に伴われて、大連経由で帰満した。源吉が大連埠頭に迎えに行くも、船舶の出入り時刻は軍の作戦上一般人に公表されず、埠頭に行き上陸するはずの妻子見つけることできなかった。諦めて大連駅に引き返し急ぎ改札口に向かおうとした瞬間、異国の光景に見とれている義兄氏と不安そうに夫を捜しているきえに偶然あった。

昭和一七年七月、三週間の日程で先進地域農業行政及び技術視察のため熊本、鹿児島、宮崎、大分各県に出張を命ぜられ、康平県の栗田、新民県の和知、法庫県の源吉の三羽烏九州に旅立つ。

同年十月奉天省新民県興農合作社に転勤を命ぜられ、四年間住み慣れた法庫県興農合作社と別れを告げる。大陸の夕日がまさに没せんとする頃、川にさしかかった。運転手の楊君、川渡れるか不安げ。トラックは引っ越し荷物を満載している。楊君ズボンをまくりあげボーイを連れてトボトボと川に入り調べたところ、大丈夫と言って戻ってきた。

新民転勤と聞いて源吉は仲間からなぜあんなところに行くのかと言われた。抗日・排日が盛んなところだからである。奉天より急行で一時間なのに、確かに源吉は新民の農村めぐりをしていて、抗日将軍の遺影にまま接することもあり、抗日・排日の強い土地柄という感触は感じた。なぜ抗日・排日なのか。新民を流れている大河の遼河を含め満洲そのものは森林地帯であった。だが畑作民族の中国人はみさかいなく満洲大地の木を切った。その結果万里の長城ははげ山になるのに二千年もかかったのに満洲はたった百年ではげ山にした。はげ山にした結果、日照りの時は干ばつ、雨降りの時は洪水になり、作物の実りが良くなかったのである。

新民県興農合作社に転勤した翌年（昭和一八年）の一月下旬、十日の日程で農産物出荷先銭交付（前途金の事）のため県内十ヶ村公署（役場）に源吉責任のもと一行十二名編成で交付金十万円（今のお金にして一億円）、一日一ヶ村に対して一万円（今のお金にして一千万）ずつ交付。その人気壮観を極めた。農民の雑踏でストーブの煙突はずれ、窓口をこがすという愉快な悲鳴であった。源吉は大金輸送と保管の責任者でもあった。匪族の跋扈《ばっこ》する治安不備な満洲国を一行十二名が自動車に分乗。中には日本刀を持参する人もおり、そのいでたちものものしいものであった。無事任務遂行、帰社復命すると親しくしていた役員の一人から褒められた。田舎出張のせいか報道から遠ざかっていたせいか、かの大東亜戦争開始（昭和一六年十二月八日）の重大ニュースも知らず、むしろソ連と開戦するものとばかり思いこんでいた。これは関東軍の宣伝に惑わされていたからともいえる。

昭和一二年盧溝橋事件以来、戦争拡大、世界相手の大仕掛けな長期戦となっていた。従って、国家総動員体制下すべての資源物資は軍に供出を命ぜられた。在満に奉職する者もそれぞれの職域を通じて関東軍の軍馬に必要な粟穀の供出を命ぜられ、合作社職員も一丸となって、目的遂行のため日夜奔走努力した事は並々ならぬ苦労でもあった。特に満系（中国系）職員の努力には敬意を表した。

供出量搬出、管理、品質などすべて合作社側に責任がある。そのため軍の強制に対しては、村公署、農民との板挟みとなりその苦労尋常でなかった。某部隊より某日電報で呼び出され、納入した粟穀が腐敗しているということで主計官よりさんざん油を絞られた。だがその対策に困り果てた。相手は我武者羅族、弁明の余地ない。農民からは軍の決めた価格で集め、満鉄沿線近くの軍の都合の良い所に集荷集積し、軍はいつ引き取るものやら期日を明示しない。その間、盗難、火災の管理一切は合作社側にあり、至って軍側に都合のよい契約の仕方であった。

昭和一九年五月中央会に復帰したが、早々疲労がもとで発疹チフスにかかり、新京特別市緑園街の隔離院に一ヶ月入院した。この年の十月三男が誕生した。母乳不足で公主嶺農事試験所の知り合いを訪ね、大豆を分けていただいたこともしばしばだった。

二〇年正月早々、全満各省聯《れん》の肥料担当者二十四名を中央会に召集。彼らを引率し朝鮮総督府、平安南道庁、仁川府に出張する。朝鮮での用務を早く切り上げた。その理由は、食料を捜すためである。次は北満ハルピン、チチハルを目指した。戦時体制下の出張は、公務六割、食料あさり四割と言う公私混同の出張が多かった。大きなリュックを背にしていく先々で食料を探し求める。それも真剣。去る年北満に出張、北安省安達県開拓団で赤ん坊の頭ほどのチーズ三個を譲り分けて貰った時は嬉しかった。それでも源吉の生涯を通じて忘れられないのは、満洲国時代であった。骨を満洲の土にうずめる強い決意と夢を見つつ自分なりに献身したつもりであった。

戦争に駆り立てられて

源吉は某日北満方面出張のため新京駅に行ったところ汽車不通で諦めて帰宅した。帰宅すると、軍事郵便で召集令状が届いていた。令状を手にした瞬間何とも云われぬ気持ちに打ちのめされた。昭和八年台湾で徴兵検査を受けたが、右目がそこひを患い第二国民兵となる。視力が悪いので鉄砲を打っても当たらないから案山子《かかし》部隊だ。案山子部隊には召集令状は来ないだろうとずっと思ってきた。そんな自分を戦争に引っ張っていくようでは日本もおしまいだなとも思った。ともかくも三ヶ月の軍隊生活で五年の捕虜生活とは一生の不運だと源吉は思った。

昭和二〇年五月十五日新京神社祭典日に入隊する。無窓貨車にぶち込まれ行き先不明。着いたところはソ満国境の琿春《こんしゅん》であった。八月八日動員令下り二個小隊西北方面の山に向かって出動する。九日しょぼ雨降る闇夜に乗じ決死戦を挑むべく、敵戦車を目指し四つん這いになって突進する。膝がしらに砂利食い込み痛くてこのまま死んでもいいと何回も思った。この日は何もなかった。十日陣地近くで敵の赤黄色の信号灯上がるもこの日もなにもなし。

十一日十三時三十分頃より十六時頃迄、二時間半の決戦。敵の歩兵部隊は高射砲に援護され自動小銃（マンドリン）で攻撃してきた。偽装の柴木に小銃弾命中。柴木ポキポキ折れる。山は高射砲炸裂、山の変形すさまじい。我が西野小隊全滅。隣の小隊無傷で退却。十六時半頃敵兵、引き揚げる。我が方生き残り四人。散乱している双眼鏡、弾薬、食料を四人で配分中敵の手留弾が上等兵の鉄兜にコツンと命中したが奇跡的に発火をまぬがれ一同無事。その後は一心不乱で逃げた。食事を求めて朝鮮人、満洲人部落を捜す。皆逃げて空き家。子供に渡す。やっと満人部落見つけ、高粱めしで腹を満たす。お礼に四十円渡すも受け取ろうとせず。負傷兵をこの満人宅に預け、昨日の激戦地に再度チャレンジに行くも、ロシア兵は豆満江で全員キャアキャアキャア騒ぎ歌を歌い行水している。この光景を見て誰言うともなく戦闘はやめて原隊に帰ろうと言い出した。どうやったら原隊に復帰できるか。さまよい歩いているうちに、広い軍用道路に出た。「あ、これ天佑」と心の中で叫んだ。

しかし、原隊はどこかに移動。捜して歩く。軍用道路の要所、要所には見張り兵が居り「天壌《てんじょう》」と推可され、その都度「無窮《むきゅう》」と答える。「天壌無窮」は友軍の合言葉の暗号であった。やっと本隊を見つけ帰隊報告をすると大隊附官は「よくもそのざまで生きて帰ってきたな」と怒声を浴びせられた。

八月十一日は激戦のあった日だが、新京の社宅でも二男が大腸カタルで死んでいた。そのことを源吉は復員して知った。死因は食糧難であった。源吉が招集を受けず新京に住んでいたら、大豆を分けてもらうなど男手によって難局を切りぬけていたであろう。

ところがこの時日本は負けていたのである。それを軍は隠していたのだ。源吉は負けたということを、谷底の野戦病院に負傷兵を運搬している時に聞いた。負けたということを聞いた時、源吉は腹の底から嬉しかった。もうこき使われる心配も、どやされる心配も無くなったからである。八月十七日は軍旗奉賀式で赤飯が給与されるので、谷底に飯上げ（飯を食べること）に行ったが、それどころの話ではない。阿鼻叫喚、源吉は赤飯を食い損ない、「あの時は」と悔しがったものである。

シベリア抑留五年

この夜、全山提灯行列の如く、書類燃やす炎で赤々と輝いていた。また軍旗奉賀式、軍司令官割腹、それは上や下えの大混乱であった。時に昭和二〇年八月十七日の夜の出来事であった。

源吉も敗戦国の一兵士として、シベリアに送られることになった。琿春からシベリアに送られるまでは悲惨であった。なぜなら、山野草の草むら、川原に着のみ着のままで六十余日。この間食料とて何一つなく、道路両側の満人栽培した馬鈴薯、かぼちゃ、青刈り大豆、口に入るものは何でもござれであったからである。泥のついたまま、なまのまま、歩きながら食べる。後尾部隊はその泥株にもありつけない。何しろロシアは日本敗戦を利用して、労働力不足を補うため日本の捕虜六十万人を拉致、そのうち六万人を死なせている。いかに捕虜を乱暴に扱ったかが分かる。

源吉は琿春《こんしゅん》飛行場を振り出しに金鎗、クラシキ、エバラン、ホルモリン、ゴーリン、コンソモリスク（青年の町）、ナホトカ収容所を合計で四年三ヶ月転々移動させられ、シベリア第二鉄道建設作業などありとあらゆる作業に使役として酷使された。ノルマ未達成で、冷下四十〜五十度の火の気のない営倉にぶち込まれた時には気の遠くなるほどに辛かった。時には遭難したのではないかと慌てたこともあった。それは野生の木の実採取の作業中、山奥で方角を見失い延々と続く白樺林の中で同志とはぐれ独りさまよい戦々恐々、今にでも狼が出現するのではないかと夢中で歩きさまよった。しかし想像の狼は現れず、めずらしい銀色の栗鼠が白樺の枝から枝へ戯れているのをしばし見とれていると、彼方方角より同志の探し求める山彦声に救われ無事、一同と帰った時は嬉しかった。しかしいい連中だけではない。同僚のことをソ連兵に告げ口し、自分だけ良い子になろうとする幹部の居た事は憤慨に耐えなかった。特に民主化と称する運動は当局にこびをうる運動で、日本人てあんなくだらないことをやるんだなとがっかりだった。

一九四七年頃より捕虜取り扱いが緩和され、食事も良くなり、映画も毎月一度くらい見せてくれた。その中でシベリア物語は一番印象的である。総天然色、いい声。映画内容は祖国建設に楽しそうに励む共産党員のストーリーであった。

昭和二四年十月二十九日、迎えの信濃丸に乗船出港。帆柱には日の丸にあらず、得体の知れない旗がなびいていた。十月三十一日舞鶴港に上陸した。同港に五日滞在、防疫、調査室での尋問。終わって五日舞鶴駅出発、六日仙台駅に着いた。接待役の婦人会に学生で、駅はごった返していた。舞鶴で支給された衣服を毛布に梱包、大事に背負い柳町目指して歩いた。二〜三回町の人に道を聞き柳町に着いた。新京で別れて以来、夜な夜な夢に見た妻子と五年ぶりに再会、妻は涙でほほを濡らしていた。

落着くと、敗戦の異国のみ空で子供を抱え、おののきつつ祖国に引き上げ、更に生活苦と闘った話を聞かされ、すまなかったと心ひそかに謝した。元来、本籍地秋田に帰るのが本当であったが、妻きえからの舞鶴援護局留めの手紙八通あり、それを読んで見ると柳町に居を構え自力で親子三人暮らしている様子が描かれており、秋田に帰る前に柳町に帰るよう望んでいた。そこで考え直し、秋田県民生課より派遣の係員に事の次第を話し、係員と一緒に宮城県民生課派遣所に行き、ここで正式に宮城県帰還の手続きを取った。こうして仙台行きと決定した。源吉の仙台での生活は、そもそもここから始まったのである。

母のきえと、私の兄弟合わせた三人の留守家族は、昭和二一年葫蘆《ころ》島から艱難辛苦しながら引き揚げてきた。葫蘆島とはここの地形がひょうたん型の半島をしていたことからこの名がついた。国共内戦の三大戦役の一つである遼瀋《りょうしん》戦役（一九四八年秋）で破れた蒋介石軍は葫蘆島から台湾に逃れた。引き揚げは主に米軍艦艇（おもにＬＳＴ＝戦車揚陸艦）により行われた。幸いなことに我々はＬＳＴでなく生き残りの艦艇鹿島丸で佐世保に上陸することができた。葫蘆島からは延べ百五万人が引き揚げてきた。

〔補遺〕父帰終記　──青春の足跡──

昭和五九年二月二十五日、早暁

この日、父逝く。

七十四歳を一期として、彼に先だちし妻のもとに、そして、後には私共を残して。

肉親の別離はどこにもあることで、さしてめずらしい話ではない。しかし、父源吉は大潟村の私共のところに住むこと十年余にして、その波乱万丈、流転の人生に終止符を打って、ついに土に還り、そして私自身はふた親を亡くした今、すこし何かを語ってみたいという気持ちになる。父源吉は正月早々風邪をひいた。血圧も高かった。しかし父は軍医あがりの医師と親しくなり彼の言うことは良く聞いた。ところがそれ以外の医師は信用しなかった。だから軍あがりの医師からもらった薬は真面目に飲んだ。当然それ以外の医師の薬はゴミ箱に投げるか、家族に見つかって注意されると口に含んで、家族が見えなくなると吐き出す。それでは血圧もあがってしまう。そのため救急車で何回か病院に走った。──ところが、今回の病魔はこれまでと違っていた。

逝ってしまうまでの二週間のあいだに次々と襲ってくる「命」の断末魔の肉体の苦しみ。それは阿鼻叫喚から始まって、意識朦朧、意識混濁へと続いた。断末魔にありながら、簡単に朽ち果てようとしない父の、あるいは人間の「生命力」の偉大さを見た。死期が近づけば近づくほど、親を思う子の気持ち、それは高揚して来た。神様はなぜ親子の別離にことさら悲しみを与えるのか。それは理屈以前のことだ。我々は神様の手のひらの中で思う存分悲しめばいい。

「悲しみ」は台湾嘉義農林学校を訪れたある時のことを思い出させた。この時風の如く現れ、風のごとく去って行った台湾の同校出身の年配の人に校内をくまなく案内してもらった。学校の規模は昔よりはるかに大きくなっていたが、「ここは昔のままです」などという話を聞いた時、今は異国の地となり、かつあの明るい南国の陽ざしの中に残してきた父の「青春の中」をこの時歩いているような気がして、何かいたたまれない気持ちに襲われた事もあった。かつて父が元気だった時、「夜明け」の明るさがあった。未来があったからである。だが今は未来は閉ざされてしまった。そして、「夜明け」の明るさはどこかに行ってしまった。

死の前日――。父は一瞬混濁の中から意識が戻ったように、しげしげこちらを見ているように見えた。「見えた」というのは、眼の輝きが衰えて、見ているかどうかわからなかったからである。が、あれは安らぎの眼だった。この世を諦めてあの世に行くと決めた安らぎの目に違いない。そして、私に感謝や別れの挨拶をしている眼だった。

（二〇一八年五月三十日）

日本人として生き、日本人として死んでいった台湾の伯父

泰蔵伯父（1965年7月中野にて）

八田與一の再評価

日本植民地時代の八田與一《はったよいち》という土木技師が、今台湾で見直されている。八田は、雨が降れば洪水、日照りには干魃《かんばつ》、そして塩害に悩まされていた台中、台南の嘉南平野十五万ヘクタール（町歩）に一万六千キロメートルの灌漑設備を張りめぐらせて、沃野に変えた。一九三〇年完成した当時はもちろん、今だに地元農民に感謝されているという。八田の事業は、当時日本の台湾近代化に伴って、サトウキビや米の増産が必要とされたことによる、植民地経営の一環であった。しかし、植民地の中でも台湾は「百投下すれば、百二十になって戻ってきた」と言われ、事実この事業は台湾経済を盛り上げ、評価が良かった。八田與一をして有名にしたのは、彼は植民地経営の一環を担っただけだが、巨大なプロジェクトを成し遂げ、その行為が損得（植民地経営の地点）を越えたところにあったからであろう。泰蔵《たいぞう》伯父も、植民地経営の一環として嘉義消防署に

勤めた。その勤務態度は八田與一に似たところがあった。ある面では二人の植民地経営への献身ぶりは、台湾植民地時代の日本人の一端を見たような気がしている。そこで、伯父のことを回想してみたくなったのである。

近衛兵になった伯父

伯父は近衛兵になったことがある。この話は伯父が台湾に帰る事になったというので、一九六五年(昭和四〇年)七月二十三から二十六日にかけて私が上京した時に聞いた。一八九四年(明治二七年)十一月生まれの伯父とは五十歳違いで、当時伯父は七十一歳。私が上京したのは、もうこれで伯父に会えないかもしれないと思って、羽田空港まで見送りに行くことにしたからである。この年は北海道開発公庫に入庫して二年目であったが、敢えて休みを取り上京したのである。伯父は東京都・中野区立大和小学校に勤めていたが(用務員)、巣鴨刑務所に近いところの、庵のような質素な家に住んでいた。三日ほど伯父宅に泊めてもらい、二人で東京を遊覧した。この時どこかの横断歩道を歩いている時に「俺は近衛兵をやっていたことがあるよ」とちらっと言ったのを聞いたことがある。ちらっとなので突っ込んで聴くことは遠慮した。近衛兵になるには家柄がよくないといけない。その点は合格だ。実家はちょっとした地主であり、秋田県・美郷町外川原では三べこ(牛・草分け)の一つであり、裏の山には六百年も経つ小さな聖徳太子の像を祀った神社もある。弟・正憲によると近衛兵は二年間の任期義務があるという。伯父はこの任期をまっとうしてないようだ。腰掛気分だったからであろう。

そこで任期不足の穴埋めのため台湾の阿里山沿いのどこかの蕃地警官をやったようだ。

俺は任期の約束を果たした

近衛兵をやめるにあたって、上述のように蕃地警官を志願したようだ。私は一九八〇年二月下旬カンボジア国境視察のついでに台湾によった。目的は伯父に会うためだ。伯父はこの時八十六才。もう会うことはないだろうと思って、伯父の一生の聞き書きをしようと思った。しかし、自分のことを語るのは気が向かないのか、協力的でなかった。そのため嘉義消防署の話は殆ど聞けなかった。今も残念に思っている。しかしその中で「俺は蕃地警察には六年十ヶ月勤めたので任期を果たした」と投げやりに話したのを覚えている。海外勤務の場合、勤務が短くても恩給がつく。「任期を果たした」という言い方は、恩給を貰う年数に達したという突き放した気持を表しているのだろう。

ところで「任期を果たした」という気持ちはどこから来るのか。私は昭和四六年新婚旅行で台湾に行った。その時台湾の伯父さんに同行してもらって、台湾一周旅行をした。霧社《むしゃ》事件（一九三〇年モーナ・ルダオを首班とする霧社蕃での抗日蜂起）に近い土地に来た時、霧社に行って見たいと言うと、伯父は顔をしかめて「わしは行きたくない」とにべもなかった。あとでその気持ちを語った。

「昔は生蕃警察は原住民を武力征伐など手荒なことをしたが、わしが生蕃警察をやった頃は、蕃童《ばんどう》教育に変わって国語（日本語）を教えたり、授産事業などを行った。それだけに生蕃警察の力は絶大なものがあった」

泰蔵は続けて言った。

「警察の中には、警察署の絶大な権力を背景に、現地人を馬鹿にしたり、横暴な者もいて、労賃をピンハネする者もいた。抗日蜂起を平定するのに二ヶ月も要したというから霧社蕃の原住民も相当不満を持っていたのだろうな。霧社と阿里山は山一つ越えの関係で、あの辺の警察は総動員されたが俺は警察をやめていたので、巻き込まれないでよかったよ。それにしてもこれら生蕃は日本教育を受けていたのに、統治が命令調だったのかな」

その口ぶりにはせっかく日本教育をしたのにという気持ちと、凄惨な平定のやり方に辟易だと言う複雑な気持ちも混じっている。無欲恬淡・謙虚な伯父にとって蕃地警官は性に合わなかったのであろう。実は霧社事件の起きた年に八田ダムは完成している。一方で植民地台湾の近代化が計られると同時に、他方で民族蜂起が起きている。これが植民地台湾の実相なのである。

別の日、風光明媚の地、日月潭を見に行った。ここでもダムを造る時、ちょっとした事件があったという。伯父はその経緯を話してくれた。

「ここの湧水量は驚くほどで、そこでダムを造ることになった。ダムができてからはコンコンと湧き出している様子が手にとる具合であった。ところが当時の日本政府はダムを作るため生蕃を立ち退かせたが、そのやり方はあまりに命令調だったのだろうか、生蕃は日本政府に立ち向かうことになったのだ」

伯父は「これら生蕃は日本教育を受けたのに」と、ここでも残念そうな口ぶりであった。風光明媚な日月潭にそんなことがあるとは、思いもよらない事であった。

ちなみに日本政府への恭順の違いにより原住民は「生蕃」と「熟蕃」の区別があり生蕃は反抗心が強かったのである。

ついでに言えば伯父からは明治人らしい一面を感じたことも付け加えておこう。というのは聞き書きの時、あのダムもこのダムも日本人が作ったし、阿里山鉄道を作ったのも日本人だし、マラリアを退治したのも日本人だと、日本人優越を、気持ちの根本のところでちらちらと見せたからである。もちろん伯父そのものの人柄からは、「良いことはしなくても、悪いことはするな」という教えをその言動から受け取ったし、ある時は聖書を示しながら「これは命の次に大切なものだ」というほどの敬虔なクリスチャンであり、その人となりに感銘を受けている。とはいえ伯父は明治人としての時代の制約を免れなかったのだと思う。

さらにもう一つ付け加えておこう。私が一九六七年玉山山行に行った時、玉山に行くと伯父に話したところ、伯父は阿里山鉄道の謂われを話してくれた。

「そもそも阿里山鉄道敷設については、台中側コースと嘉義側コースの二つの案があった。嘉義は木材の集散地でその森林運搬のため、嘉義側コースが考えられたが、それだけではなかった。阿里山は標高二千五百メートル位で麓からの標高差は二千四百メートル位ある。問題はこの標高差をいかにしてこなせるかということで、嘉義コースには阿里山峰と連なる円錐状の山（独立山）があって、これを利用すれば（独立スパイラル線といって山を三巻き半しながら高度を稼ぐ）、高度を一気に稼げ、建設費も安くつくということで、嘉義コースに決まったのだ」

この話を聞いて、日月潭の話といい、何十年と暮らしていた伯父は台湾の生き字引だと思った。

嘉義消防署は我が子

伯父は蕃地警官をやめたあと消防署に努めた。運転免許を取るため羽田にあった自動車免許講習所に免許取得のため通ったとのこと。当時としては車の運転は珍しかったであろう。羽田には「雲の上のじゅうたん」で有名な角館出身の女性が飛行生訓練のため通ったところだが、伯父はこの同じ場所であっても、時期が違うのか場所が離れていたのか、日本初のこの女性飛行士のことを知らなかったようだ。伯父は嘉義消防署は自分が作ったようなものなので、我が子のように可愛かったと聞き書きの時話してくれた。例えば雨が降ると、消防車が通れないと困るので、勤務と関係なくスコップを持って道路の排水に努めたという。嘉義消防署には日本敗戦まで勤めた。少なくとも二十年以上はいたようだ。

受給資格の計算法

総務庁恩給局に聞いたところ、恩給は計算上十二年に達しないと貰えない（逆に言うと十二年でいい）。例えば、南方の激戦地区になると実質三年の勤務でいい。その計算法は、三年×三（勤務条件を数字に置き換える）＝九、これに三年（実際の勤務年数）を加えて十二年となる。つまり海外勤務の場合、恩給受給資格に必要な実質勤務年数は、個々に見ていかないとわからない。

伯父の場合勤務条件をかりに一とすると、一×六・八三（六年十ヶ月）年＝六・八三、これに六・八三年を加えて十三・六六年となり恩給受給資格の十二年をクリヤーしたことになる。

人となり(1)

伯父との付き合いは小学校三年のころから始まった。父はシベリア抑留を解かれて、昭和二四年帰国・帰宅したが勤め先なく母の内職で生計を立てていた。われわれ兄弟はどこにも行くところがなく、そこで大和小学校が夏休みになると、仙台は秋田の途中なので伯父が我々を秋田に連れていってくれたのである。それは小学校三年生から始まって小学校六年生まで続いた。その外、私の家庭が困っていると物心両面にわたる援助も忘れられない。

父源吉は高等小学校在学中、秋田師範と角館中学及び大曲農校を受験。秋田師範は不合格、角館中学と大曲農校は合格したが、源吉の父と長兄久太郎とは仲が悪く、しかも家の実権は久太郎が握っていた。久太郎は源吉の角館中学への入学に猛反対であった。その頃次兄泰蔵は四カ月の日程で警視庁に消防聴講生勤務状況の視察に来ており、外川原にも足を伸ばした。話し合いによって、泰蔵伯父が台湾で源吉の面倒を見る事になった。その結果、父源吉は台湾の台南州立嘉義農林学校を卒業している。こんなにいい兄はいないであろう。

後になって、台湾警察署や消防勤務の恩給を父に贈与しているが、これも物心両面にわたる援助の例であろう。

なぜ農業嫌いの父源吉が、嘉義農林学校を卒業したのか。それは卒業後昭和製糖に就職したことに示されている。もちろん、大学への進学の気持もだしがたく、ここもあっさり辞め、台湾の伯父に心労をかけている。昭和製糖を辞めた後、上京したが学費が続かず、今度は三兄を頼って朝鮮全羅南道の試験場に就職した。しかし、朝鮮人の反日の強さに閉口。ここも辞め、満洲の興農合作社に転職した。父は敗戦直前召集されシベリア軍侵攻と共に捕虜となってシベリアに抑留され、昭和二四年やっと仙台の我々の所に戻ってきた。自らはこのような境遇を「流転坊」と称している。父の生涯は日本帝国主義の膨張と収縮の運命に重なるものであろう。

脇道にそれた。昭和製糖の話に戻そう。嘉義は北回帰線上に位置し、台中以北は冬になるとけっこう寒いが、台中以南は冬でも結構暖かい。そこで砂糖を始め、パイナップル、米の二毛作が行われ、中でも砂糖は台湾の基幹産業であった。台湾南部には広大なサトウキビ畑があり、嘉義はその集散地であった。この結果多くの製糖会社が誕生した。一九〇〇年（明治三三年）創立の大手の台湾製糖、大日本精糖があり、そのもとに明治製糖、帝国製糖、昭和製糖があった。嘉義は台湾南部の経済の中心地であり、台湾中南部平原十五万ヘクタールを潤した八田ダムで知られる嘉南大圳《かなんたいしゅう》の要でもあった。もちろん、嘉南大圳の大工事も日本近代化の一環として、食料増産が必要であったので、植民地経営の一環として実施されたということは否定できない。しかし、それはそれとして、このように繁栄した嘉義も敗戦直前アメリカの猛攻撃で「もう他人の火消しどころでなくなった。そこで伝を頼って片田舎の銅羅に引っ越してきた」（伯父の弁）のであった。

伯父は人の面倒を見る代わりその生活は質素だ。中野の寓居や台湾での伯父の寝室兼リビングを見せてもらったが、両方とも一切の飾りはなく屋根裏部屋とおぼしき台湾の部屋は夏は暑いだろうなあと想像して見た。このように伯父の生活は質素だ。

こんなこともあった。ある年秋田に行く途中真夏だったので水筒に水を補給のため、伯父は一時停車の列車から降り、給水していると列車が走りだした。伯父がいなくなったらどうしようと心配していると、列車の後尾の方から「いやあ間に合ってよかったよ」と言いながら現れた。このようなことがあって伯父の服装を覚えているのだが、カーキ色の服装に肩から斜めに水筒を掛けた質素なものであった。

さらに泰蔵伯父を泰蔵らしくしているのは、鍬を持つ姿であろう。伯父は嘉義でアメリカの空襲が激しくなってくると、消防署をやめた（消防署が解散した）。そして、河川敷で友人とトウモロコシの栽培をやった。だから農業は嫌いでないらしい。それにしても、秋田県・美郷町外川原の伯父の実家で暇を見つけては、裏山で開墾にいそしむ刻苦奮闘の姿を見て、私は良心的生き方に無言の影響を受けたと今でも思っている。

伯父と奥さん（徐秋妹）との関係はどうだったか。中野の寓居に寄った時、伯父は奥さんから「帰って来て」という手紙をこれだけもらっていると二十センチに積み上げられた手紙を見せられた。伯父はもともと日本に帰るつもりはなかったが、一九四七年の二・二八事件で地元郷長（郡長）から「あなたには何の問題もないが、私の立場が無くなるので外国人のあなたは日本に帰ってくれ」と言われ、日本に帰って来たのであった（この措置は蒋介石政権が外国人のスパイを警戒してのことといわれる）。

二・二八事件について

台湾民主化の起点となり、泰蔵一家にも係わりのあった二・二八事件について触れておこう。この事件は、一九四七年二月二十七日、台北市で屋台の煙草売りをしていた子連れの林という寡婦が、ヤミ煙草を売っていたという理由で摘発を受けたことに始まる。大陸では自由に煙草販売が許されているということを伝え聞いていたので、そのつもりでいたら摘発を受けたのである。

大陸と違うことに面食らったし、土下座して謝ったのに官憲は銃剣の柄で叩いたうえ、煙草と所持金を没収した。

これを見た民衆は激こうした。翌日になると騒ぎは大きくなった。蒋介石の祖国復帰を台湾人は喜んでいたが、蒋介石一派は大陸の賄賂、強権支配を持ちこんだので、台湾人はガッカリしていた。それが下地にあって、騒ぎが大きくなったのである。そこには日本統治時代は皇民化の同化政策はあっても、法治主義により不正はなかった。むしろ日本語を流暢に話し日本への親近感を示す台湾人に接したことを私は阿里山鉄道に乗っている時、経験したこともある。賄賂、強権支配を見て台湾人は台湾人の事を本省人と称し、大陸人のことを外省人、お山と呼びさげすんだ。

翌二十八日、台湾は内戦状態になり、本省人は皆が知っている日本国歌「君が代」を歌い、外省人を排除した。結局、当時国共内戦の中で大陸に残留していた蒋介石軍（国民党＝外省人）の援軍を得てこの騒ぎを平定した。

当時の台湾人は「犬去りて、豚来る」と揶揄したと言われる。この意味は、犬の日本人はうるさくても役に立つが、豚の国民党はむさぼり食うだけということである。蒋介石は大陸反攻を唱え続けたがそれは虚構にすぎなかった。

台湾人は蒋介石の進駐を祖国復帰と喜んだが、蒋介石は日本が台湾から引き揚げ、権力空白になった台湾に権力の住みかを求めて進駐してきたのであった。台湾は蒋介石の植民地にされたのである。それだけでない、大陸の強権や賄賂を持ちこんだので、台湾人は怒りを大きくした。賄賂・強権政治を続けた蒋介石は、台湾民主化運動の育ての親とも言えようか。

強権支配は蒋介石が死去するまで続いた。私が初めて訪台した一九六七年（昭和四二年）には、駅にやたらと憲兵が多く、夕食時テーブルを囲んでの談話で、私が「蒋介石をどう思うか」と質問したところ、隣に座っていた伯父に太ももをつねられた。あとで伯父は「壁に耳あり、障子に目ありだからそういう話は慎むように」と言われた。

あとで分かったのだが日本人と騒動の首班者は弾圧されたと言う。伯父も日本人なので狙われ一家は山に逃げたという。一家は寒いさなか大変な目に会ったのである。しかし、それから十年後訪台した時、当時シンガポールのリー・クアン・ユー首相が「シンガポールはシンガポールなり」と事あるごと強調していた時であった。台湾人もそれほどでないにしても、「台湾は台湾である」という意識が強いように感じた。そこには中国本土とはことさら意識して距離を置こうとする感情が込められている事を感じた。そして、今や台湾人と大陸の漢民族の意識の隔たりはかなり強くなったというのが現実のようだ。

ちなみに言えば、台湾人は日本への親近感は強い。このことについて、私が見聞きした伯父一家の事に就いて述べてみよう。

伯父一家は娘の徐鳳嬌《じょほうきょう》がパーマ屋をやっており、叔母の徐秋妹が手伝っている。彼女（徐秋妹）は熱心な道教信者で起きて来ると、棚にしつらえた道教の神様に線香を立て熱心にお祈りする。道教は不老長寿、金儲けの神様でもある。この時点では鳳嬌は既に働いており、忙しさは伯父宅を訪れるごとに感じた。十年後の一九七九年（昭和五四年）年訪れた時は「青春電髪院」と店名を名乗り、店構えもガラスをふんだんに取り入れた明るいものに改装していた。この明るさは民主化のお蔭なのであろう。鳳嬌はパーマの先進技術を学ぶため時々神戸、大阪に来ているという話で、台湾の人々の日本への親近感の強いことを感じた。この親近感は上述のように日本統治時代のおだやかな統治方法の下地により培われ、その下地の上に、通信、運輸、衛生などのインフラのシステムが近代的・合理的だったこともあって親近感をもたらしたのであろう。

人となり(2)

一九八〇年二月、最後に伯父・叔母に会ったとき伯父は高齢で空港まで来られなかったが、叔母は私に向かってたどたどしい日本語で懇々と言った。

「伯父に、あなたは日本が祖国か、それとも台湾が祖国かと聞いた。そしたら、伯父は台湾生活が長いので台湾が祖国だと言った。そこで、今お墓を作っている」

一息つくと、続けて言った。「日本に帰ったら、内地の親戚の住所を知らせてくれ。また伯父が死んでも叔母さん（奥さん）が生きているかぎりは必ず台湾に来るように」

彼女はこう言うと私が税関の門をくぐるまでジッと見送ってくれた。この姿を見て頭の中がボーッとするとともに、「早く帰って来てください」という手紙の束と共に彼女の義理硬さにも感動した。

感謝の気持ちか中華思想か

私はこの義理硬さは、台湾人の気質（感謝の気持ち）から来ているのでないかということを感じている。例えば、今、台湾で「カノ（ＫＡＮＯ）――１９３１海の向こうの甲子園」という映画が人気を得ているという。この映画は一九三一年台湾の嘉義市にある嘉義農林学校が甲子園に出場するまでの、刻苦奮闘の経緯を映画化したものである。父も嘉義農林学校を卒業しているので、興味を持って見た。ところがこの野球物語に、突然八田與一が嘉南平野に水路を巡らせ嘉南平野を沃野に変えた場面が現れる。この場面（エピソード）を野球物語に挿入したのは、台湾人が日本への感謝の気持ちがあるからであろう。

　では中国の方はどうか。日本は中国に侵略して中国を苦しめたので、割り引いて見なければならないが、その気質・歴史観は単純にして、厄介だ。例えば中国人によると、満洲は「偽満洲」と一口に片ずけられ、単純だ。何せ満洲時代のものは「偽」をつければ済むからである。それ故、満洲で生まれた人は「偽人」（＝ヤミッ子）になる。

　だが中国人の歴史観は厄介だ。中国人の中に浸透している歴史観は中華思想で、中国は世界の真ん中にあって、世界をあまねく照らすという考えだ。「この地球上に王土ならざる土地は無し」というわけである。これは大東亜戦争中の八紘一宇を思い出す。もともと中華思想は中国始祖王朝の夏《か》王朝を崇敬する事から始まった。中夏思想という訳である。

　しかし、その夏王朝も殷王朝に滅ぼされ、その殷王朝も周王朝に滅ぼされている。中国人は、歴史を中華思想の目線で見ているようだ。そして、領土拡大は、武力と中華思想の組み合わせで行う。だから感謝の入りこむ隙はないのだろう。満洲国時代水豊ダム、豊満ダムなどの巨大プロジェクトを完成させたが、これも偽満洲国の産物として片ずけられている。その癖、日本時代のインフラはちゃっかり利用している。建前は「偽」だが本音は「資産化」したいということなのであろう。

　私が玉山（台湾最高峰・日本統治時代は新高山と言われた）山行に行った時、伯父宅に寄って山行の食糧調達のため斜め向かいの乾物屋（店名「源紀商行」）で買い物をした。この時温厚な伯父は、隣近所の人と時には会食などして仲良くやっていることを知った。

一九八〇年二月、先述の如く生い立ちからこれまでの生涯を聞き書きした。その時、伯父は日本人として生き、日本人として死ぬことに誇りを持っていることを私は感じた。事実伯父は、日本国籍のまま台湾で、私が最後に会ってから一年後の一九八一年（昭和五六）年四月死去した。享年八十七歳。二十一歳の時骨を埋めるつもりで渡台したから、六十六年の台湾人生であった。カトリック式の葬儀で天に召されたという。そのことを徐鳳嬌の夫黄清業氏—彼は日本語に堪能—が手紙で伝えて来た。

（二〇一五年二月二十日付「泰蔵伯父の人柄」に加筆したものである）

丸川哲史著『台湾ナショナリズム』を読んで

「一つの中国」論を嫌う台湾

この書は台湾の歴史を教科書的に、丁寧に記述しようとしている。丁寧という意味は、周辺国―例えば中国大陸はもちろんのこと、アメリカや日本―の言動によって台湾の歴史にどのような影響を与えているかということも視野に入れ、通史的に整理しているということである。そのおかげで今まで聞いたことのない事件も耳にすることができた。

一つは、台湾が中国大陸に吸収されずに済んだのは、朝鮮戦争のお蔭であったことである。朝鮮戦争は一九五〇年のことである。その前年、中華人民共和国が誕生した。朝鮮戦争勃発によって中華人民共和国は朝鮮戦争に義勇軍を派遣するなどしたために、力を取られ「台湾解放」を棚上げにした。しかも、アメリカは台湾海峡に太平洋第七艦隊を派遣した。その後、一九七九年米中交回復に伴い、台湾は国連から追い出されたが、アメリカ国内法である「台湾国内法」を成立させ台湾を守っている（今も）。アメリカは国共内戦の時蔣介石を見放していたが、「台湾国内法」は軍事同盟であり、台湾の赤化を防ぐため蔣介石の台湾を再び、味方に引きずり込んだのである。これは大陸中国による吸収合併を嫌う台湾にとって、幸運であったと言える。また日本にとっても、シーレーンの安全保障の点から好ましいと言える。

新たに知った事の二つ目は農地改革のあったことである。国民党は大陸時代も農地改革を試みたが成功しなかった。台湾で統治して行くには政治、経済の安定から農地改革が必要であった。アメリカ政府にとっても、赤化防止の点から必要であった。アメリカ政府が台湾の農地改革に目をつけたのは、ベトナムが農地改革を渋っているうちに赤化したからである。これは日本と同じ事情で、日本もGHQが音頭をとって、農地改革を行っている。指導者はロシア系メリカ人のヴォルフ・ラデジンスキーで、彼は日本の農地改革が終わった数年後、台湾に渡り農地改革事業を成し遂げた。日本もそうであったが、農地改革により政治、経済の民主化をもたらし、経済を発展させた。

ついでに「一つの中国」論に触れて見たい。なぜ中国は「一つの中国」を唱えるのか。それは政治遺産のせいである。毛沢東も蔣介石も政権の正統性を主張するため、我こそは中国大陸を支配していると主張した。蔣介石が国共内戦で敗れてからは、毛沢東の主張は強くなった。蔣介石は権力の腰掛の場所として、日本軍撤退により権力空白になった台湾を選んだにすぎない。つまり亡命政権にすぎなかった。

それでも建前上は大陸奪還を目指しているということからか、一九六五年頃訪台した時、レンガ造りの土塀に大文字の白ペンキで墨痕もあざやかにくっきりと、〝消滅万悪毛賊〟などというスローガンが書かれているのを見た。私はこれを見た時、滑稽に思った。それにしても、蔣介石が中国大陸を支配しているという「幻の主張」をせず、「一つの中国、一つの台湾」を主張すれば、問題を複雑にしないで済んだに違いない。清朝時代も中国大陸政権は、台湾を政権の中に収めたことはないのである。

台湾人が「一つの中国」に異を唱えるのは、理由がある。「元々台湾に住んでいたのは、マレー・ポリネシア住民であったが、そこに一七世紀以降、漢民族が対岸の福建省や広東省北部から移入」してきた。

「清朝期になると行政が整えられ、原住民地区は清朝の文化影響の届きにくい『化外の地』とされた。数世紀を経て、大陸の租借地でなく、徐々に台湾のコミュニティーで冠婚葬祭を行って行く。それは台湾人社会の開拓民的性格がしだいに土着的なものに変貌するプロセスでもあった」(25頁)

この土着的なものに変貌した台湾は、「一つの中国」とは国体が異なる。「一つの中国」とは政治レベルの統一で、それは中華思想に基づく。しかも、これは中国何千年にも渡る歴史である。

中華思想とは「中国は文化の中心であり、かつ地球上の土地で中国領(王土)でないものはない」という考えだ。蔣介石も毛沢東もこの中華思想のとりこになり、チベット、ウイグル、台湾も中国領と言ってはばからない。しかも、毛沢東の中国も、蔣介石の中国も人治主義に染まっている。台湾民衆はそういう中華思想とは無縁だし、法治主義で社会は動いている。台湾民衆は大陸文化とは別固に暮らそうとするため、「一つの中国」を嫌うのである。

この中華思想は、親分子分の関係で成り立つ冊封体制を重んじ、日本は柵封の概念とは縁遠かったので、いち早く国民国家を創出し、近代的領有概念を学んだ。清朝を出し抜き一八九五年の日清戦争の戦争処理で日本は台湾を領有することになったのである。

ところで、日本では台湾人には親日家が多いと言われている。本当か。本当らしい。蔡焜燦《さいこんさい》著『台湾人と日本精神』や李登輝著『新・台湾の主張』にも見られる。著者は、「台湾統治は五十一年の長き」にわたっており、この間統治方式は、「初期武力平定、特別統治主義、内地延長主義、皇民化期」と推移しているので、台湾人がどの時期に植民地統治に遭遇したかで、「世代間ギャップが存在していることを見逃してはならない」（41頁）と言う。統治はどうであったか、初期と末期を見ていこう。

植民地近代化の二面性

初め台湾を領有した時、「コストの不安を押してまで台湾植民地経営を続けていくことに、どのようなメリットがあったのか。植民地経営を『成功』させることにより」西欧列強に伍していこうとしたのである。それ故、「台湾の公的な建物や道路などのインフラ整備には、内治以上に重視された部分も見受けられる。台湾は、日本植民地帝国主義への道程を歩む一大実験場となった」（32頁）

武力鎮圧が一段落すると（一八九八年）、児玉源太郎と後藤新平のコンビで土地調査と住民調査を徹底的に行った。これによって、後の満鉄調査部に繋がる日本植民地統治の方法論を作り上げた。

統治の末期は皇民化期である。皇民化とは台湾人の日本人化のことである。日本人化するため国語

（日本語）を推奨したり、改姓名（創氏改名）を推奨した。その目的は盧溝橋事件に始まる日中戦争で総力戦を行うため、台湾人を日本人化しようとしたことにあった」（39頁）。

このような植民地経営の中で、八田與一の烏山島《うさんとう》ダム建設があり、霧社《むしゃ》では霧社事件があった。いずれも一九三〇年のことであり、植民地近代化の過程で起きたことである。ところが前者では八田與一が地元農民に顕彰され、後者はタイヤル族のモーナ・ルダオ首班の抗日蜂起であり、両者の歴史事実の落差は大きい。人々は武力平定が終わった三十年後には、日本と台湾は「一体化」（共同体化）していると思っていた。それ故、「夢にも」反乱など起きるとは思ってもいなかった。「夢にも」の気持ちの中に「一体化」が進んでいることを示している。

その一体化を高く評価する一人は李登輝元総統であろう。彼は日本統治時代京都大学で内地と変わらない教育を受けたという。総統は日本統治時代に身をもって習ったリップンチェンシン、「日本精神」で台湾人の精神改革を進めたという。日本精神とは、誠実、勤勉、奉仕、責任などの総称だと言う。しかし一方では、抗日蜂起が起こったりで、統治落差の大きいのが植民地の実相なのである。

この植民地の歴史実相について著者は言う。「八田與一の顕彰について、日本では、日本統治が台湾人に大きな恩恵を与えたとする論拠にあてる傾向もあるが、植民地統治に含まれている様々な側面を慎重に推し量る必要がある」。著者は「地元農民もダム建設にかかわったので、従って顕彰は農民の『自分たち』への誇りの感覚が被さっている」（57頁）というのである。

これが著者の八田與一顕彰、あるいは台湾植民地近代化についての評価であろう。つまり、八田與一は日本史の中の八田與一でなく、台湾史の中の八田與一ということなのである。

思うに、被支配の植民地（台湾）にとって、植民地近代化は二面性を持っている。一つは被支配という事実であり、二つ目は宗主国（日本）が残していったインフラなどが被支配国（台湾）の産業基盤や生活基盤の近代化に資しているということである。この二面性は、満洲国にも通ずる話だと思う。

最後に台湾という離れ島は、憂愁を誘うようだ。蔣経国はある人に、「私は台湾で四十年近くも生活し、もう台湾人です」と語ったという。アメリカがイギリスから独立したように、台湾が今の二倍も大きかったら、アメリカの運命を歩いていたかもしれない。

（二〇一七年三月二十日）

白井聡著『永続敗戦論』を読んで

はじめに

わたくしは五才の時満洲から引き揚げて来た。引き揚げ後の生活は極貧にあった。そのため友人・同級生に比べて余りにみじめであった。そしてこの極貧の生活を通しておぼろげながら、この社会に対して浮かんできた疑問があった。

――なぜ日本人は戦争を始めたのか。

――なぜ敗戦なのに戦争の責任を取る人がいないのか。

――今次大戦は敗北し、その結果八紘一宇の国体作りが根こそぎ否定されたのに、どうして「敗戦」と言わず、「終戦」と言うのか。

――これらの戦争責任隠しと「終戦」というごまかしの間に何か関係はあるのか。

これらの疑問は子供のころから、青年期を通して何となく私の胸に突き刺さっていた。これらの疑問のうち戦争を始めた理由と、戦争責任者捜しは簡単に答えの出せる問題ではなかったが、「敗戦」を「終戦」というごまかしは自分なりに決着がついた。八紘一宇の国是が破れたのだから「敗戦」であって、季節が自然と廻ってきて戦争が終ったのとはわけが違う。

考えているうちに、「敗戦」を「終戦」という言い換えは、無責任体制を隠すためのトリックだろう、と思い当った。戦争の責任隠し、福島原発の責任隠し、大潟村のヤミ米とつるんだマスコミの食糧管理法潰し、これらは通ずるところがある。後年、私はこの国のまあまあ主義の日本人に、大潟村という窓口を通して遭遇した。そして「まあまあ主義」の中に無責任体制の芽を宿していることを感じた。さらにこの時、無責任体制はロジックの苦手な日本人とも関係するのだろうとも思い当った。しかも、無責任体制のあげくの果てはアメリカへの「甘え」と「従属」になっていることを私は実感した。それならなぜ無責任体制がまかり通るのか。それは謎解きでもある。このなぞはこの本に出会って氷解したところもある。

詭弁の上に成り立つ戦後日本

本書の書き出しはショッキングである。曰く、「私らは侮辱のなかに生きている」。この言葉が発せられたのは、二〇一二年七月十六日東京代々木公園で行われた「さよなら原発十万人集会」の場であった。発言者は大江健三郎。発言の動機は直接的には、三・一一原発事故では、日本人は命を粗末にする侮辱的な政府統治の中におかれたことに気がつかされたからだ。ところが、その目で見ると日本列島全体さえも、由《よ》らしむべし知らしむべからずという「侮辱」を生み出す構造の中に生活させられていることに気がつく。例えば、我々農民は一点集中のようにアメリカから必要以上に多量の農産物を「押し売り」されているが、これは「侮辱」以外の何ものでもない。

「侮辱」の例はまだある。鳩山内閣敗退劇である。二〇〇九年政権交代で誕生した鳩山内閣は、公約通り沖縄米軍基地の県外移転を画策した。しかし、壁にぶつかった。壁はアメリカそのものであり、アメリカを信奉する日本の国民である。鳩山内閣は、政策転換を図ろうとして、「国民の要望」をとるか、「米国の要望」をとるか二者択一を迫られた。ところが、前者を取ろうとしてアメリカのおしかりを受けた。おまけにアメリカ信奉の国民からは、鳩山の政策転換の手法が稚拙だと歪曲されて攻撃を受けた。

これでわかったことは、「戦後民主主義」はアメリカという架空の支えのもとに成り立っており、そのことを隠すため日本の為政者は鳩山の政治劇に注目させ、目をそらさせたのである。つまり欺瞞である。しかもこの欺瞞は戦前からつながるものであった。「あの戦争のなかであまりに多くの人々が『侮辱』のなかで死へと追い込まれていった。いまわれわれは、その『侮辱』の体制がほとんど眼前にそびえ立っている様を目撃している」(19頁)。

ウソ話が日米従属の始まり

それなら戦後とは何か。それは「永続敗戦」とは何かを問うことである。著者の『永続敗戦論』は言う。「戦後はあの大戦を負けたのに負けていないという詭弁から出発している」と。その詭弁は東西冷戦に始まった。東西冷戦を有利に進めるため、アメリカは日本を東西冷戦最前線の防波堤にすべく、岸信介や賀屋興萱のようなA級戦犯で旧保守層の人間を巣鴨刑務所から引っ張り出してきた。だが、この人たちは本来であれば、戦争責任を取らなければならない人たちである。そこで辻褄を合せるため、「負けたのに負けていない」というウソの話を日米合作で広げ始めた。ここから歪んだアメリカ従属が始まったのである。

なぜ日米合作で、なぜ歪んだのか。日本人が「負けたのに負けていない」というウソの話を口にすると、日本人はアメリカに怒られるのでアメリカへの従属をきめこんだからである。つまり、「敗戦を否認」しているがゆえに、際限のない「対米従属」を続けなければならず、深い「対米従属」を続けている限り、「敗戦を否認」し続けることができたのである（48頁）。逆に言うと、日本人が歴史認識を変えようとせず、敗戦を認めようとしない事――つまり敗戦を終戦であると隠ぺいしようとする限り、戦後は終わっていないというのが、筆者の考えなのである（47頁）。

今、憲法問題で集団的自衛権を魔法のように憲法解釈からひねりだしてきたのは、アメリカへの自衛隊の傭兵化を要求されて、それを受け入れているからである。ここに、依然として日本人――特に自民党はアメリカへの「甘え」と「従属」を捨てきれないでいるように見える。

もちろん、「永続敗戦論」で幸運を拾ったのは岸信介である。彼はアメリカに助けられ恩義を感じているに違いない。ここにも「甘え」と「従属」を生み出す構図が見られる。こうして、冷戦構造と共に「無責任体制」とアメリカへの「従属」が始まったのである。

似た構図の例は「地方創生」劇にも見られる。地方の大きな部分を占めるのは農業である。その農業を政策として自民党農政は一貫して潰してきた。その結果地方は衰退の極みとなった。当然政策として農業潰し、つまり地方潰しをやってきたので、それを誤りだったということは、政策が失敗だったことを認めることになる。だが、政策ゆえの失敗を認めることはできない。むしろ傷ついた「地方」に対して、「地方創生」というウソ話によってその傷を隠し、傷を塗りつぶそうとしている。その証拠に、二〇一八年度政府予算案で地方交付税を減らすことを決めた。地方交付税は地方創生の大事な財源なのだ。これでは地方創生は掛け声だけで、看板に偽りありだ。逆に北朝鮮脅威を煽り軍事予算を、好き勝手に増やした。いつのまにか産軍体制を肥大化させている。これはいつか来た道なのだ。

地方創生を言うなら、まず地方を潰したことを謝らなければならない。農民は農業潰しに眉をひそめてきたが、それを自民党農政はブルドーザーのような農業潰しの風によって農業を潰してきた。それを今度は地方創生だというのは矛盾そのものであろう。国民も農民もこのトリック・矛盾に気がつかなければならない。気まぐれな風によって、農業の行方が左右されるのはどんなものかと思う。

さて、対米従属には私も実感がある。一九九〇年頃世界的にWTO反対の機運が強く、一九九〇年ブリュッセルで世界から予定の三倍の十万人が集結し、大デモ行進が行われた。この異議申し立ての集会のおかげか、それともＥＵの改革案がこの時点まで出揃わなかったためか、ＷＴＯ妥結案は発表されなかった。

それから三年後妥結案は発表された。ＥＵには都合よく、日本はミニマム・アクセス米七六・七万トン輸入せよという内容であった。私はこの結果にショックを受け、翌九四年ヨーロッパ農村に取材に行った。この時フランスのある農民から、「食肉一括方式」でヨーロッパの畜産を守ったということを聞いた。ヨーロッパの畜産と言えば日本の米に相当する基幹産業だ。日本でも沢山の小麦、大豆の穀類を輸入している。

そこで「穀類一括方式」で米の輸入を防ぐことはできないか農民組合、国会議員に訴えた。そして運動が組まれたが、既に時遅し。アメリカの決定を覆すことはできなかった。あとで交渉担当者の塩飽《しあく》さんのカバン持ちをした篠原孝さんから日本はアメリカに遠慮して「穀類一括方式」を一言も口にしなかったという話を聞いた。篠原さんはこれでは駄目だと思い、「私にも話をさせてくれ」と言うと米とは縁もゆかりもないカナダで話をさせられたという。それもさわりだけであったという。口にしなかった理由はアメリカの機嫌を損ねたくないからである。そうであるなら「米自由化反対運動」の時「シュプレヒコール」だけでなく、「穀類一括方式」を運動そのものの中に組み込めば良かったなと、私はしきりと残念に思った。

交渉担当者塩飽さんの回想談も聞いたことがある。それによると、貿易交渉になるとアメリカから安保条約第二条を持ちだされる。第二条は日米間の経済調整をして経済間のでこぼこをならすというものである。ところがこの時軍事安保と絡めて交渉されるので、日本はアメリカの言いなりになるのだという。ミニマム・アクセス米もこうして、先に述べたように一点集中によりアメリカから洪水の如く農産物の輸入を押し付けられたことによる。同じ敗戦国ドイツは、国内にアメリカの基地を持っているが言うべきことは言っている。それに反して日本が農産物を「押し売り」されるのは、日本はすぐおうむ返しのように「日米基軸」を持ち出すが、今や「日米基軸」は外交の手段でなくそれ自身が目的化しているから。「甘え」と「従属」の関係、——つまりアメリカへのおべっか外交がアメリカ農産物の大量輸入の原因であった。農産物の大量輸入の陰にはこの「甘え」と「従属」があったのである。

否、それだけでは済みそうもないことに警戒すべきである。アメリカの野望は日本の企業経営をアメリカ流の株主利益優先の企業経営に転換させ、ゆくゆくはグローバル化したアメリカ大企業の新属国化に組み込むことである。そのためにTPPでは、「関税自由化」だけでなく、関税自由化とひとくくりにした「非関税障壁」撤廃に向かっている。もちろん、これによって各国の商慣行、伝統も安全基準も消し去られることになる。つまり国境など取り去って、文化思想、経済システム等をアメリカ流一色に塗りつぶそうというのが「ゆくゆくは」の野望なのである。

ここで農産物の大量輸入はなぜ起こるのかに話しを戻そう。それはドイツと日本の違いを問うことになる。では、違いは何か。

曖昧を好む日本人

その違いは論理的思考を尊ぶ（ドイツ）か、否（日本）かの違いにある。数年前ドイツの首相メルケルは日本に来た時、安倍首相に向けて遠廻しに「過去の戦争を総括しなければ、将来も間違いを犯す（大意）」と話した。ドイツ元大統領のワイツゼッカーも「過去に目を閉ざす者は現在にも盲目となる」と演説している（一九八五年五月八日・荒れ野40年）。この演説は世界的に有名になった。メルケルにしてもワイツゼッカーにしても自分の発した言葉に責任を持とうとしている。安倍は彼が発した「言葉」とその言葉への「責任」との間が等量でなく言葉の重みに欠ける。「敗戦」を「終戦」と言い換える言い方はドイツ人から見たら奇異であろう。だが日本人にとっては奇異でも何でもない。むしろ戦争用語を飾り立てている。例えば、戦争を聖戦、戦死を玉砕、敵機攻撃を神風特攻、その他軍神、鬼神、英霊、一億玉砕というのもある。一億玉砕なら国民は皆死んで玉砕の意味がないのでないか。情緒を好む日本人には論理が不足しているようだ。

ヨーロッパのように小国が乱立して、争いの絶えなかった土地柄には理論闘争が必要であったであろう。しかし、比較的安定社会の長かった日本ではその必要は少なかったようだ（桑原武夫『明治維新と近代化』１６６頁）。むしろ、対決を好まず、情緒的微妙さを求めた。

例えば天明、天保の頃から多くの百姓一揆があって、明治維新となった。ところが、上から変革したわけでもないのに、明治革命と言わずに明治維新と言っている。明治維新と呼んでいるのは、政府が「御一新」したと思っているからであろう。それは、上からの安倍改革を了とする在り方につながるものを持っている。ここに日本人のメンタリティーが潜んでいる。大潟村の青刈騒動がヤミ米騒動に変わったのも、国への甘えがあったからである。そしてこのメンタリティーは天皇制を生み出した。

かつて飛鳥時代には天子制つまり天皇親政の時代があった。しかし天皇という天子の権力を目指して争った結果、血で血を争う抗争が絶えなかった。そこで、藤原摂関時代になると権威と権力を分けるようになる。いわゆる天皇象徴制である。明治になって伊藤博文はこの「権威」と「権力」の分離をはっきりさせた。象徴とは日本列島の統一者＝「玉」であり、日本列島の「祭主」であるということである。

だがこの結果、天皇制のもとでは権力と責任は分散している。今次大戦の戦争責任をたどれば統帥権だけでなく、天皇大権を持っている昭和天皇の責任も免れなかったであろう。ましてやサイパンで負けたとき、これで日本の敗戦は決まったようなものであった。だが昭和天皇は日露海戦のように一発逆転を狙って交渉を有利にしようと考えたのか、「一発相手をかましてから戦争終結にもっていこう」と言われたという。そうこうしているうちに沖縄の悲劇、東京大空襲、広島、長崎の原爆投下、満洲引き上げの悲惨となったのである。昭和天皇は戦争の開戦と終結、それに二・二六事件の三回、自身の責任のもと天皇親政を行ったことがある。戦後戦争責任を辿って行くと責任は天皇制に行きつく。そこで壁に突き当たった様に、結局は責任の所在はうやむやに終わる。

天皇制とはイメージとしては、神輿《みこし》かつぎのようなものだと思う。神輿に座っているのは万世一系の天皇であり、担ぎ手は時の権力に連なる人々―例えば政府、官僚、マスコミ―など万世一系の天皇が将来も安定的であるためには、担ぎ手が穏やかであることが必要であろう。そこで、決断を求められた時、権力者たちはまあまあ主義の曖昧の行動でお茶を濁す。しかし、まあまあこれでいいやとやっているうちに、思考停止に陥る。そして、「あの戦争に負けていないとすれば、誰も責任を取る必要もないし、反省する必要もない」と思ってしまう。

どうやって「戦後」を破るのか

本書は決して読みやすい本ではない。否定的表現を使いながら話しを進めているからである。例えばこのように言う。

「問題は我々の側に、永続敗戦の構造を作り上げてしまった日本の社会のうちに存する。ゆえに、〈親米か反米か〉という問題設定は斥けられるべき偽の問いにほかならない」

著者の心底には、戦後アメリカが日本に対してやったことが良かったか悪かったか道徳的なことを議論しても意味がない、それよりアメリカが政策をおろしてきた時日本は何がやれるのか自問自答すべきだという、「乾いた」考えの持ち主のようである。例えば、戦後平和憲法は理想主義から日本に送ったものでなくて、二度とアメリカに刃向かわないように、日本からトゲをとったのだという。そこには外交は力関係だという著者のパワー・ポリティクス論の片鱗が伺われる。

「戦後」(アメリカ従属)のトゲ取りで先進を行くのは沖縄だ。著者は言う。

「今後徐々に反米の傾向を醸成してゆくことになったとしても、それが情緒的なものにとどまる限りでは、日本社会が抱えている病巣を直視できない」(123頁)

沖縄には、半月ほど西表島にホームステイしたことがある。沖縄はお嶽《たけ》(湧水池)信仰を中心に纏まり、天皇制にもからめ捕られず普段はのんびり暮らしている。その傾向は先島に行けばいくほど強くなる。西表島の帰り沖縄本島に寄った。アメリカ糾弾の集会をやっていた。集会は緊迫したものであった。その緊迫は本土では見られないものだ。

この時感じた。沖縄は日本の外国のようなものだ。そして、今本土の人間は夢に耽《ふけ》っている。沖縄の作家大城立裕は評論家加藤周一との会話で言う。

「沖縄の心とは、日本人になりたくて、なれない心である」

この沖縄人の大城は本土の日本人に対して、距離がある。まるで日本人を別人のように、感じている。加藤はこれに返歌した。

「それは同時に、なりたくなくて、なってしまう心であろう」(『夕陽妄語』)

ここには心広く受け止めていることが感じられるが、その一方、どこか見下ろしている感じが伝わってくる。

昭和天皇はマッカーサーに、沖縄は好きなように使って下さいと言ったといわれる(一九四七年九月二十日付、昭和天皇よりマッカーサー宛の「沖縄メッセージ」)。沖縄は捨石にされたのだ。

「『戦後』を破るには、自覚的で知的な努力が必要とされる。そしてそれが果されるとき、われわれ

はこの国の現実において何を否定しなければならないかについて、明確なビジョンを得ることになるであろう」（34頁）

私は勝手ながら「戦後」（アメリカ従属）破壊の先陣を沖縄に期待したい。

（二〇一七年十二月二十日）

おわりに

日本は食料主権を放棄したかのようである。ここ何年も食料自給率は四〇%を下回り、ついに三八%にまで下げた。問題はここまで下げても、国内は泰平無事を決め込んでいることだ。国民も慣れっこになって「まあまあ主義」の落とし穴に入りこんでしまったようである。これではまるで、根っこの定まらない「流転坊」だ。

私はせめて、ヨーロッパ並みに最低支持価格や定住政策を行い、農家が安心して農業できる政策に転換して貰いたいと強く願う。突拍子もないと言われるかもしれないが、そのためにも食糧管理法の復活を訴えたいのである。この社会の根本を支える農業の大切さと、農民の生活が根っこに座れば、自給率も自然と上がっていく。そして農地法を違法に使った農地収用などという、三里塚の市東さんに対するような邪《よこしま》な考えも通用しなくなるはずである。

ヨーロッパを廻って感じた事は、市民と農家の権利意識である。手厚い所得補償が行われ農家が守られているが、底流にはこの権利意識がある。これはフランス革命のように王様の特権をはぎ取る「反独占」の市民革命を経験したか否かの違いによるらしい。残念ながら日本にはそれがなかった。

資本主義社会は、公平な競争や営業の自由を前提に成り立っている。だが今日、「公平な競争」も「自由」も強者の言葉である。強者のための「公平な競争」であり、強者のための「自由」である。そして安倍一強と結びついた規制改革推進会議は、種子法廃止に見られるように多国籍企業の召使いになって新自由主義を実践し、われわれに暴論を押し付けている。弱肉強食を推進しており、これで格差が拡大し、民主主義はますます遠ざかって行くであろう。

反独占は政治闘争である。太平無事を決め込む今、政治闘争は死語になって仕舞ったかのようだ。だが、沖縄が頑張っている。三里塚も空港という巨大企業に負けてはいない。ここには「まあまあ主義」を排した、権利意識があるように思う。

思いがけず五年ぶりに本を出版することになった。「成田の新たな土地収用」「亡国農政」「戦争と植民地」の三部構成にして整理がついた気がする。本書がなるにあたっては、社会評論社の松田健二社長の理解と編集を担当された本間一弥氏からの助言を得た。記して感謝する次第です。本書を書いたことによって、市東さんの立ち位置にも近くなったような気がしています。

二〇一八年八月十日

坂本進一郎

【著者年譜】

一九四一年（昭和一六）　仙台市生まれ、五歳まで満洲で育つ
一九四六年（昭和二一）　ソ連参戦し敗戦
　混乱の中、すぐ下の弟博の遺骨をクビに下げた母きえに手を引かれ、末弟の正憲とともに帰還。興農合作社から応召した父源吉はシベリア抑留。母の実家に身を寄せ、青少年期を仙台で過ごした。
一九六四年（昭和三九）　東北大学経済学部卒
　北海道東北開発公庫に奉職。北海道支店への転勤を機に農に生きることを決意
一九六九年（昭和四四）　八郎潟干拓地（大潟村）に第四次入植決定
　北東公庫を退職し入植訓練所に入所
一九七〇年（昭和四五）　入植、工藤みほ子と結婚
一九七一年（昭和四六）　五人による完全協業で耕作開始（完全協業は二年間、その後は個別営農）
　コメ過剰により減反政策が本格化
一九七三年（昭和四八）　農林省構造改善局は基本計画を変更
　水稲単作十ヘクタールから田畑複合十五ヘクタールを告示
一九七五年（昭和五〇）　過剰作付けによる抵抗と青刈り通告、青刈り騒動始まる
一九七七年（昭和五二）　入植者一名が食管法違反（ヤミ米）で逮捕
　秋から翌年にかけて三人自殺
一九七八年（昭和五三）　過剰作付けに対して、東北農政局長名で農地買収予告通知

著者は「敗北宣言」を張り出し、超過分一・五ヘクタールを青刈り（騒動収束）
一九八二〜八三年　国が過剰作付け者に対して農地明け渡しの提訴
一九八五年（昭和六〇）　ヤミ米摘発、検問所設置
一九八九年（平成一）　コメ・農業潰しに黙っていられない秋田県委員会発起人
一九九五年（平成七）　食管法廃止・食糧法制定、ヤミ米合法化（自由米に呼称変更）
二〇〇六年（平成一八）　市東さんの農地取り上げに反対する会共同代表

▼海外遠征
一九九〇年（平成二）　反ガット運動（ブリュッセル）
一九九六年（平成八）　FAO（国連食糧農業機関）ローマ会議に参加
一九九八年（平成一〇）　香港サミットWTO　阻止運動に参加
一九九九年（平成一一）　シアトルサミットWTO　阻止運動に参加
二〇〇二年（平成一四）　WTO、ローマ五年後会合に参加

▼公聴会公述
一九九九年（平成一一）　六月十五日、参議院農林水産委員会仙台地方公聴会
公述人として意見陳述。新農業基本法（食料・農業・農村基本法）を制定するに当たって意見を求められ、デ・カップリングの実現を主張した。
二〇〇〇年（平成一二）　十一月七日、衆議院農林部会
株式会社の農業参入の是非をめぐり公述。公述人のうち三人は参入賛成、反対は著者一人。特に穀類一括方式のセクター論について、農水省による隠蔽を批判した。

【著作一覧】

大いなる大潟村　一九七四年　構文社
八郎潟干拓地からの報告　一九七五年　秋田文化出版社
大潟村農民新生への道　一九七八年　秋田文化出版社
青刈り日記　一九七九年　秋田書房
カンプチアへの道　一九八一年　秋田書房
大潟村新農村事情　一九八四年　秋田文化出版社
向こう三軒両隣り　一九八八年　離騒社
土と心を耕して　一九八九年　御茶の水書房
米盗り物語　一九九〇年　影書房
大潟村ヤミ米騒動「全記録」　一九九〇年　御茶の水書房
翻身―コメ・農業潰しに黙っていられない秋田県委員会　一九九〇～一九九五年
亡国農政に抗して　一九九二年　御茶の水書房
新食糧法は「無農国」への道　一九九六年　御茶の水書房
日本農業大リストラ　一九九八年　御茶の水書房
新農基法に何が期待できるか　二〇〇〇年　御茶の水書房
大地の民　二〇〇六年　離騒社
満洲国と興農合作社　二〇一二年　三九出版
他、多数

【参考文献】

守田志郎『日本の村』一九七八年　朝日新聞
櫻井　豊『食糧ゼロ大国』『論理ゼロ大国』『国民の財産食糧』一九八八年　農山漁村文化協会
井上幸治『秩父事件』一九六八年　中公新書
玉城　哲『稲作文化と日本人』一九七七年　現代評論社
近藤康男『高度成長と農業問題』一九七三年　農山漁村文化協会
飯沼二郎『飯沼二郎著作集　第3巻』一九九四年　未来社
大谷省三『日本農政の基調』一九七三年　農山漁村文化協会
高嶋光雪『アメリカ小麦戦略』一九七九年　家の光協会
暉峻衆三編著『日本資本主義と農業保護政策』一九九〇年　御茶の水書房
岡田与好『独占と営業の自由』一九七五年　木鐸社
白井　聡『永続敗戦論』二〇一三年　太田出版
樋口清之『日本人はなぜ水に流したがるか』一九八九年　エムジー

『中国紅軍物語』は、中国人民解放軍戦士の記憶を基に回顧文を集めた総称で、例えば光岡玄編訳の『星火燎原』全六巻などは、その刻苦奮闘ぶりを余すところなく再現して、その素晴らしさに感心する。大潟村に入植した時、刻苦勉励を鼓舞するものとして『星火燎原』のように八郎潟干拓の建設をはじめとして入植者の入植の記憶を元にした記録があればなと思ったこともある。

◎著者紹介

坂本進一郎（さかもと しんいちろう）

1941年　仙台市生まれ、5歳まで満洲で育つ
1964年　東北大学経済学部卒
北海道東北開発公庫に奉職
1969年　北東公庫を退職し、八郎潟干拓地（大潟村）に入植

15haの耕地を持つ稲作農家となるも、コメ過剰により減反政策が本格化。大潟村は政府の言う「過剰」作付けと青刈り、ヤミ米（食管法違反）と国による農地明け渡し訴訟など、農政による混乱の坩堝となった。

著者は青刈り・減反に抵抗してきたが、食管制度護持の立場から減反を受け入れ、ヤミ米には反対した。その後、農政は自由化に向かい、食管法を廃止してコメの自由販売を制度化した。

ガットやWTOの貿易交渉に反対してブリュッセル、香港、シアトルへ。FAO（国連食糧農業機関）の会議にも参加した。参議院地方公聴会や衆議院農林部会に公述人として招聘されるなど、農業現場からの発言が注目されてきた。

著書多数。詳細は、著者年譜と主な著作に記録した。

大地に生きる百姓　農業つぶしの国策に抗って

2018年9月10日　初版第1刷発行

著　者——坂本進一郎
装　幀——吉永昌生
発行人——松田健二
発行所——株式会社 社会評論社
東京都文京区本郷2-3-10
電話：03-3814-3861　Fax：03-3818-2808
http://www.shahyo.com
組　版——Lunaエディット.LLC
印刷・製本——株式会社 ミツワ

Printed in japan